U0337592

国家自然科学基金青年科学基金项目（41902082）资助
中国博士后科学基金项目（2019M652733）资助
中国矿业大学科研启动经费资助

攀西地区层状岩体岩浆演化与钒钛磁铁矿成矿研究

王　坤／著

中国矿业大学出版社
·徐州·

内 容 简 介

在我国四川攀西地区,沿南北向断裂带出露一系列赋存钒钛磁铁矿矿床的镁铁-超镁铁质层状岩体。这些岩体中已探明的钒钛磁铁矿矿石资源储量达 100 亿 t,是世界最大的钒钛磁铁矿矿集区。大量铁钛氧化物富集成矿的机制一直是该地区的研究热点。本书以攀西地区攀枝花、太和、红格三个代表性岩体为研究对象,主要从矿物和熔体包裹体的视角探讨了该地区层状岩体的岩浆演化及铁富集过程,发现了岩体形成过程中发生有不混溶作用,且大规模的不混溶相分离对攀西地区巨量铁钛氧化物的富集成矿至关重要。

本书可作为地质学、地质资源与地质工程等领域的科研和技术研究人员的参考用书。

图书在版编目(C I P)数据

攀西地区层状岩体岩浆演化与钒钛磁铁矿成矿研究/
王坤著. —徐州:中国矿业大学出版社,2022.3
ISBN 978 - 7 - 5646 - 5233 - 3

Ⅰ.①攀… Ⅱ.①王… Ⅲ.①层状构造—岩石—岩浆
发育—影响—钒钛磁铁矿矿床—成矿作用—研究—四川
Ⅳ.①P618.31

中国版本图书馆 CIP 数据核字(2021)第236758号

书　　名	攀西地区层状岩体岩浆演化与钒钛磁铁矿成矿研究
著　　者	王　坤
责任编辑	何晓明
出版发行	中国矿业大学出版社有限责任公司
	(江苏省徐州市解放南路　邮编221008)
营销热线	(0516)83884103　83885105
出版服务	(0516)83995789　83884920
网　　址	http://www.cumtp.com　E-mail:cumtpvip@cumtp.com
印　　刷	苏州市古得堡数码印刷有限公司
开　　本	787 mm×1092 mm　1/16　**印张** 11.75　**字数** 220 千字
版次印次	2022 年 3 月第 1 版　2022 年 3 月第 1 次印刷
定　　价	55.00 元

(图书出现印装质量问题,本社负责调换)

前　　言

　　攀西地区是我国主要的钒、钛和铁资源产地,数个大型、超大型钒钛磁铁矿矿床赋存于该地区的镁铁-超镁铁质层状岩体之中。与世界上其他含钒钛磁铁矿的层状岩体相比,攀西地区层状岩体的赋矿层位偏低,主要矿石层位于岩体的中下部位;此外,岩体体积较小,矿体占岩体的比例大。大量铁钛氧化物富集成矿的机制一直是该地区研究的热点。由于铁钛氧化物成矿与层状岩体成岩是一体的,因而弄清矿床成因关键在于查明层状岩体的岩浆演化过程。熔体包裹体是矿物结晶时捕获的微量熔体珠滴,记录了丰富的岩浆成分信息,为研究层状岩体岩浆演化过程和成矿元素富集机制提供了独特的窗口。

　　笔者近年来致力于攀西地区层状岩体岩浆演化和钒钛磁铁矿矿床成因方面的研究。本书选取攀枝花、太和、红格三个代表性岩体为研究对象,从熔体包裹体的角度出发,结合粒间显微结构、矿物环带、矿物化学成分、数值模拟等方面研究,探讨了攀西层状岩体岩浆演化过程及其对钒钛磁铁矿成矿的影响等,并提出了攀西地区钒钛磁铁矿矿床的成矿模式。本书研究发现,岩浆不混溶作用在攀西地区层状岩体的岩浆演化过程中是一个较普遍存在的现象,且不混溶作用被触发时的温度可能较高。不混溶作用发生之后,粒间熔体分解成高密度、低黏度的富 Fe 熔体相和低密度、高黏度的富 Si 熔体相,由于密度的差异,两相熔体发生分离,促使岩浆房中化学组分重新分布，在岩浆房上部富集相对较多的富 Si 熔体，下部富集较多的富 Fe 熔体。大量铁钛氧化物从岩浆房偏下部位相对富 Fe 的岩浆中结晶并堆积下来，形成厚层的钒钛磁铁矿矿石。本书研究认为，攀西地区层状岩体中大型、超大型钒钛磁铁矿矿床的形成，除了其母岩浆本身就富 Fe、Ti 的原因之外，其独特的岩浆演化过程也至关重要，岩浆不混溶与分离结晶的共同作用有效地促进了成矿元素的富集。本书的相关研究成果为认识玄武质岩浆演化及钒钛磁铁矿成矿提供了新的依据，希望本书的出版能为进一步的区域找矿勘探提供一些参考和借鉴。

本书的相关研究工作及出版得到了国家自然科学基金青年科学基金项目（41902082）、中国博士后科学基金项目（2019M652733）和中国矿业大学科研启动经费的资助。本书是在导师王焰和任钟元研究员指导完成的博士学位论文基础上，结合本人近年来的研究工作撰写完成的，在此对导师王焰和任钟元研究员表示由衷的感谢。此外，对向本书相关研究工作提供帮助和支持的老师及学生表示诚挚的谢意。

限于水平和时间，书中难免存在不足之处，敬请读者批评指正。

著　者

2021 年 9 月

目　　录

第一章 绪 论

第一节 镁铁-超镁铁质层状岩体

镁铁-超镁铁质层状岩体多发育于大陆裂谷和地幔柱环境,是幔源玄武质岩浆侵入地壳深部岩浆房所形成的。玄武质岩浆进入地壳岩浆房后,由于同化混染、分离结晶、岩浆不混溶等作用,岩浆成分不断地发生改变,并经历扩散与对流、粒间熔体的挤压运移等过程,最终冷却固结成镁铁-超镁铁质层状岩体。因而,层状岩体的矿物组合及成分变化记录了玄武质岩浆的演化过程,可以为反演玄武质岩浆的演化提供重要的信息(Van Tongeren et al.,2012)。

层状岩体发育火成层理构造,表现为岩石在不同尺度、不同属性特征上呈现出韵律式的变化。根据韵律的规模,岩体可以分为不同级别的层,单层内部在垂向、横向上,矿物组成、矿物粒度、矿物成分、全岩成分、结构特征相对一致或者呈现出一定规律性变化,不同的层在矿物组成、粒度等上表现出一定差异,层与层之间呈现出截然不同或者渐变的关系,并且这种层边界特征表现出横向的连续性。关于韵律层理的成因,不同学者提出了很多的机制,如流动分异、岩浆补充、对流、挤压、地震震动、不混溶分离、晶体成核和晶体生长速度的变化、氧逸度波动、压力波动等(Wager,1963;Wager et al.,1968;Irvine,1975;Lofgren et al.,1975;Goode,1976;McBirney,1985;Duke et al.,1988;Marsh,1989;Naslund et al.,1991;Mangan et al.,1993;Tegner et al.,1993;Gorring et al.,1995;Naslund et al.,1996)。当然,由于火成层理变化特征的复杂性,即使在同一个岩体中,单一的机制也很难解释所有的层理现象。

世界上最大的层状岩体是南非的 Bushveld 杂岩体,其出露面积约 65 000 km^2,厚 7～9 km,被认为是频繁多期次的岩浆补充造成岩浆房不断扩展而形成的(Eales et al.,1996;Kruger,2005)。而一些相对较小的岩体,如丹麦格陵兰岛的 Skaergaard 岩体,出露面积仅 90 km^2,厚约 3.5 km,被认为是单次岩浆注入之后分异的结果(Wager et al.,1968;McBirney,1989,1996)。

镁铁-超镁铁质层状岩体主要赋存于钒钛磁铁矿矿床、铜镍硫化物矿床和铬铁矿矿床(表 1-1)。

表 1-1　世界上一些主要的镁铁-超镁铁质层状岩体及有关矿化

层状岩体	国家	年龄/Ma	面积/km^2	厚度/km	主要矿化类型
Bushveld	南非	2 060	65 000	7～9	PGE、Cr、V、Fe、Ti、P
Sept Iles	加拿大	564	5 000	6	Fe、Ti、P
Duluth	美国	1 100	5 000	1～5	PGE、Cu、Ni、Fe、Ti、P、V
Muskox	加拿大	1 267	4 400	1.8	PGE、Cu、Ni、Cr
Windimurra	澳大利亚	2 800	2 300	13	PGE、V
Bjerkreim-Sokndal	挪威	930	230	7.5	Fe、Ti、P、V
Skaergaard	丹麦	55	90	3.5	PGE、Au
Rhum	英国	60	50	1	PGE、Cr
攀枝花	中国	263	30	2～3	Fe、Ti、V
Fedorivka	乌克兰	1 760	3	0.3	Fe、Ti、P、V
Murotomisaki	日本	14	0.17	0.2	

注:据 Namur et al.,2010,有修改。

这些矿床是铂族元素、钒、钛、铬、镍金属的主要来源,分别提供了世界超过 90% 的铂族元素资源量、超过 70% 的钒资源量、约 80% 的钛资源量、约 80% 的铬资源量和约 40% 的镍资源量(刘树臣,2006)。多数层状岩体一般赋存于一种矿床类型,如我国攀枝花岩体,仅发育钒钛磁铁矿矿床,铁钛氧化物矿石量达 1 333 Mt。但也有一些层状岩体中发育多种类型的矿床,如 Bushveld 岩体中赋含有 PGE 矿床、铬铁矿矿床和钒钛磁铁矿矿床,并伴生 Cu、Ni、Co 和 Au 等矿化(Lee,1996),世界上 82% 的 Rh 资源、75% 的 Pt 资源、52% 的 Pd 资源和 16% 的 Ni 资源均来自这一个岩体(Naldrett et al.,2009)。对于岩浆矿床来说,成矿和成岩是一个统一的过程,成矿过程是岩浆演化过程的一部分。在玄武质岩浆演化过程中,成矿物质通过某种机制在岩浆房中一定部位大量聚集,待岩体冷却固结之后就形成了相应的矿床。

第二节　岩浆不混溶作用

　　玄武质岩浆的演化由分离结晶作用主导,不混溶作用可能也是一个非常重要的过程,但是之前没有被广泛关注。分离结晶作用是指岩浆通过不断地结晶出矿物以及矿物与残余熔体分离,而使得残余熔体成分不断演化的过程。不混溶作用是指成分均一的岩浆由于温度、压力、成分等的改变,分解为成分截然不同的两种共轭熔体的过程。

　　在 19 世纪及 20 世纪初期,岩浆不混溶作用作为岩浆分异的一种假说,被岩石学家用来解释双峰式火山岩套的成因(Loewinson-Lessing,1885;Daly,1914)。到 20 世纪 20 年代时,显著的不混溶现象在简单的二元体系(如 $FeO-SiO_2$、$MnO-SiO_2$、$MgO-SiO_2$、$CaO-SiO_2$、TiO_2-SiO_2)实验中被揭示,但随着第三种组分(如碱和铝)的加入,不混溶现象消失,因而不混溶作用被认为仅在简单体系中有意义(Greig,1927)。由于缺乏有说服力的野外和实验室证据支持不混溶作用在天然样品或与天然岩浆成分相近的实验样品中的存在,因而不混溶作用没有被认为是岩浆演化的一种有效方式。直到 20 世纪 50 年代,白榴石-铁橄榄石-石英体系中低温不混溶域的发现(Roedder,1951),重新激发了人们对不混溶作用的研究兴趣。20 世纪 70 年代,在阿波罗 11、12 号月球玄武岩中首次发现了天然的不混溶现象[图 1-1(a-1)、(a-2)](Roedder et al.,1970a,b,1971)。随后,不混溶作用在地球火山岩[图 1-1(b)](De,1974;Sato,1979;

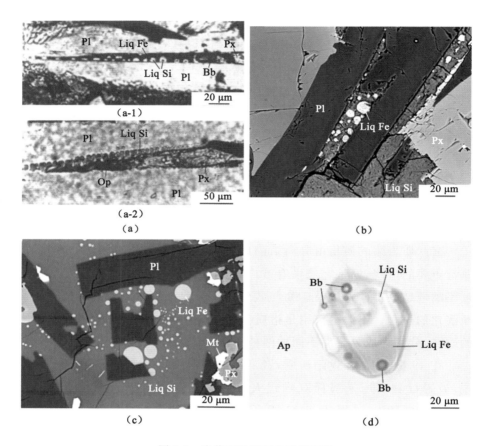

图 1-1　岩浆不混溶现象显微图像

（a）月球玄武岩斜长石(Pl)中的楔形包裹体：

（a-1）包裹体由富 Fe(Liq Fe)、富 Si(Liq Si)玻璃相,辉石(Px)和收缩气泡(Bb)组成,

（a-2）包裹体由辉石、不透明矿物(Op)以及成排的牙齿状富 Si 玻璃相组成(Roedder et al.,1970a)；

（b）德干高原大火成岩省橄榄玄武岩斜长石和辉石粒间的不混溶玻璃,

富 Fe 玻璃呈球粒状分散在富 Si 玻璃相中(Charlier et al.,2013)；

（c）以 Sept Iles 岩体中的二长岩脉作为初始成分的高温实验中所展示的不混溶现象,富 Fe 玻璃相

分散在富 Si 玻璃相之中,共存的矿物相有斜长石、辉石和磁铁矿(Mt)(Charlier et al.,2012)；

（d）Sept Iles 岩体磷灰石(Ap)中的包裹体,经过高温处理后,同时含有不混溶的富 Fe、

富 Si 两相玻璃以及一些气泡(Charlier et al.,2011)

Philpotts,1979,1982;Charlier et al.,2013;Sensarma et al.,2013)以及天然样品的实验熔体[图 1-1(c)](McBirney et al.,1974;McBirney,1975;Charlier et al.,2012)中也陆续见诸报道,进一步提供了天然不混溶作用存在的确凿证据。对天然火山岩样品以及实验岩石学不混溶现象的研究结果表明,拉斑玄武质岩浆和碱性玄武岩浆在结晶到某个阶段(最可能是在较演化的阶段),都会发生不混溶作用(Philpotts,1976,1982;Roedder,1979)。

虽然对大量的实验及自然样品的观察表明,不混溶作用在岩浆演化过程中是不容忽视的(Roedder et al.,1970a,b,1971;Jakobsen et al.,2005,2011;Charlier et al.,2011,2012,2013),但是在探讨具体的地质问题时,不混溶作用并没有获得足够的重视。例如,在重建 Skaergaard 岩体的母岩浆成分及岩浆演化序列时,大量研究将分离结晶视作岩浆演化的唯一方式(Wager et al.,1968;Brooks et al.,1978,1990;Hunter,1987;Hanghoj et al.,1995;McBirney et al.,1990;Toplis et al.,1995;Tegner,1997;Ariskin,1999;Jang et al.,2001;Nielsen,2004)。在岩石学领域,不混溶作用之所以不受重视,一方面是由于通常认为不混溶作用只发生在玄武质岩浆演化的晚期阶段,对岩浆演化的影响不大(Philpotts,2008);另一方面是由于自然样品中的不混溶作用往往难以识别,尤其是在一个经历过缓慢冷却结晶并经受后期调整的侵入岩体中(Holness et al.,2011;Kamenetsky et al.,2013;Charlier et al.,2013)。然而,目前对于不混溶作用的很多认识正在不断地发生改变。比如,最近的实验岩石学研究显示,不混溶作用可能会在岩浆演化的较早阶段发生(Veksler et al.,2007;Jakobsen et al.,2011;Hou et al.,2015)。此外,自然界中的不混溶作用之前被认为仅存在于火山环境之中,是因为在火山岩基质中发现有共存的富 Fe、富 Si 玻璃相(Roedder et al.,1971;De,1974;Philpotts,1982),而在侵入岩中没有发现不混溶的确凿证据。但近年来,在层状岩体中不断发现磷灰石或其他矿物中存在成分差异明显的富 Fe 和富 Si 熔体包裹体,证实了不混溶作用在岩浆演化过程中的确存在[图 1-1(d)](Jakobsen et al.,2005;Charlier et al.,2011;Fischer et al.,2016)。因此,不混溶作用再次引起学者们的研究兴趣,其在岩石学、矿床学中的作用也开始被重新评价和重视。

岩浆在不混溶作用过程中,元素在共轭熔体间发生差异分配,从而使得两相熔体具有不同的地球化学组成。Fe、Si 通常被视作具有不同分配系数的标志性元素,因而两相熔体通常被称为富 Fe 熔体和富 Si 熔体。由于元素的分配受到岩浆总体成分、氧逸度的控制,因此对于某个具体元素来说,其在两相熔体中的分配系数并不是固定的,而是随着条件的变化而改变(Biggar,1983)。例如,在 $KAlSi_3O_8$-FeO-Fe_2O_3-SiO_2($\pm CaO$、$\pm Al_2O_3$)体系中,随着初始成分中 Al_2O_3 含量增加,Al 在富 Fe 熔体中的分配系数增加,而 Ca 在富 Fe 熔体中的分配系数降低(Naslund,1983)。此外,温度、压力、挥发分等条件对不混溶域位置及范围的影响,也必然会引起元素在两相熔体中分配系数的差异。总体上来说,元素在富 Fe 和富 Si 熔体中的分配规律是:富 Fe 熔体中富集过渡金属元素、碱土金属元素、稀土元素和高场强元素,而富 Si 熔体中富集 Si、Al 以及碱金属元素(表1-2)(Watson,1976;Veksler et al.,2006;Bogaerts et al.,2006)。

Charlier 等(2013)认为,共轭的两相熔体之间,无论是否发生分离,其进一步演化都不相互独立,而是相互联系的,并结晶出相同成分、不同比例的矿物集合体。例如,Sept Iles 岩体约 200 m 厚的临界带中发育有富铁钛磷辉长岩、富硅铝钠辉长岩韵律层,两者含有相同的矿物种类和矿物成分,只是比例不同,被认为是从相对分离的富 Fe、富 Si 熔体层分别结晶的产物(Charlier et al.,2011,2013)。同样,Bushveld 岩体西翼中 $200\sim 300$ m 厚的暗色、浅色辉长岩韵律层,也被认为是相对分离的富 Fe、富 Si 熔体的结晶产物(Fischer et al.,2016)。但也有不同的看法,Van Tongeren 等(2012)对 Bushveld 岩体东翼顶部 625 m 剖面磷灰石微量元素的研究表明,东翼的顶部发生了不混溶作用,不混溶的两相熔体完全分离形成上部的 325 m 厚富 Si 熔体层和下部的 300 m 厚富 Fe 熔体层,上下熔体层之间分别沿着独立的路径演化,结晶出的岩石具有不同的矿物组成,同种矿物的成分也不同。

实际上,富 Fe 熔体和富 Si 熔体的演化是否相互独立,理论上取决于

表1-2 实验岩石、火山岩、层状岩体中的一些代表性不混溶熔体成分

单位：wt.%

来源	类型	SiO_2	TiO_2	Al_2O_3	FeO_t	MnO	MgO	CaO	Na_2O	K_2O	P_2O_5	合计
实验-1[1]	富Fe	43.5	3.84	6.07	27.6	0.33	1.04	10.5	0.53	1.1	5.61	100.12
	富Si	76.2	0.66	10.6	4.27	0.05	0.08	1.58	2.15	4.58	0.23	100.4
实验-2[2]	富Fe	49.5	2.53	8.7	21.8	0.29	1.42	8.51	1.57	1.25	2.44	98.01
	富Si	62.4	1.48	10.6	12.5	0.15	0.76	5.1	2.14	2.66	1.03	98.82
实验-3[3]	富Fe	45.9	4.82	7.1	20.24	0.69	2.4	10.93	1.99	0.23	4.54	98.84
	富Si	66.1	1.47	10.9	9.87	0.23	0.97	3.98	3.14	0.96	1.18	98.8
实验-4[4]	富Fe	45.1	7.56	7.3	20.64	0.89	1.93	10.74	1.61	0.12	2.87	98.76
	富Si	69.5	2.68	10.4	7.15	0.15	0.81	4.04	2.15	0.79	0.51	98.18
拉斑玄武岩[5]	富Fe	41.5	5.8	3.7	31	0.5	0.9	9.4	0.8	0.7	3.5	97.8
	富Si	73.3	0.8	12.1	3.2	0	0	1.8	3.1	3.3	0.07	97.67
碱性玄武岩[6]	富Fe	37.1	8.2	5.1	28.9	0.5	1.9	8.7	1.1	1.6	3.4	97
	富Si	65.4	1	13.9	4	0	0.5	2.3	4	4.9	0.5	96.5
攀枝花[7]	富Fe	42.4	1.43	8.83	20.5	0.5	5.46	16.31	1.11	0.3	1.41	98.24
	富Si	69.68	0.24	14.47	2.76	0.12	0.64	5.14	2.82	2.26	0.25	98.38

表1-2（续）

来源	类型	SiO_2	TiO_2	Al_2O_3	FeO_t	MnO	MgO	CaO	Na_2O	K_2O	P_2O_5	合计
Skaergaard[8]	富Fe	40.67	1.86	7.87	30.85	0.51	2.35	8.97	1.58	1.03	0.25	95.94
	富Si	65.58	0.22	12.95	8.63	0.13	0.47	2	4.33	3.68	0.03	98.03
Sept Iles(7.3 m)[9]	富Fe	38.51	1.5	12.5	15.59	0.16	7.39	12.46	2.24	1.58	7.11	99.02
	富Si	68.86	0.44	16.4	1.39	0.08	0.43	1.88	4.96	4.93	0.23	99.59
Sept Iles(78.1 m)[10]	富Fe	53.45	3.92	14.58	6.71	0.07	2.78	5.25	4.99	2.69	3.49	97.94
	富Si	68.38	0.53	16.7	1.35	0.02	0.28	1.15	5.15	5.81	0.11	99.49

注:1. 人工配制的拉斑玄武质初始成分（接近于 Thingmuli 火山岩），在 QFM，无水，1 atm 条件下，从 1 120 ℃按 1 ℃/h 速率冷却至 964 ℃时所获得的不混溶熔体成分（Charlier et al.，2012）。

2. 人工配制的拉斑玄武质初始成分（接近于 Thingmuli 火山岩），在 QFM，无水，1 atm 条件下，从 1 130 ℃按 1 ℃/h 速率冷却至 1 005 ℃时所获得的不混溶熔体成分（Charlier et al.，2012）。

3. 天然拉斑玄武岩初始熔体成分（取自加帕拉戈斯群洋岛脊扩张中心的样品 VG D8），在 MMO，无水，1 atm 条件下，从 1 200 ℃按 2 ℃/h 速率降温至 1 006 ℃时所获得的不混溶熔体成分（Dixon et al.，1979）。

4. 天然拉斑玄武岩初始熔体成分（取自加帕拉戈斯群洋岛脊扩张中心的样品 VG D8），在 NNO，无水，1 atm 条件下，从 1 210 ℃按 1 ℃/h 速率降温至 1 015 ℃时所获得的不混溶熔体成分（Dixon et al.，1979）。

5. 拉斑玄武岩中的不混溶熔体平均成分（Philpotts，1982）。

6. 碱性玄武岩中的不混溶熔体平均成分（Philpotts，1982）。

7. 攀枝花岩体中部带顶部磷灰石中记录的不混溶熔体平均成分（王坤等，2013）。

8. Skaergaard 岩体上部带磷灰石中记录的不混溶熔体平均成分（Jakobsen et al.，2005）。

9. Sept Iles 岩体临界界带 7.3 m 处磷灰石中不混溶熔体平均成分（Charlier et al.，2011）。

10. Sept Iles 岩体临界界带 78.1 m 处磷灰石中不混溶熔体平均成分（Charlier et al.，2011）。

两者之间是否处于化学平衡。在平衡条件下,富 Fe 熔体和富 Si 熔体结晶出的同种矿物具有相同成分。但在不平衡条件下,两者结晶出的同种矿物可能就具有不同的成分(侯增谦,1990a)。例如 Skaergaard 岩体中斜长石不均匀的成分环带就被认为是不平衡条件下从不混溶的熔体中结晶出来的(Humphreys,2009,2011)。在实际的地质情况中,共轭熔体的分离可能导致两者之间不能保持平衡,而分别沿着不同的趋势演化(侯增谦,1990a,b)。例如,河北阳原杂岩体的辉石岩系和正长岩系中辉石共起点但不同方向的成分变化趋势不同,被认为是不混溶的两相熔体随着温度降低和相互分离而沿着不同的方向演化的结果(侯增谦,1990a,b)。对 Skaergaard 岩体中一些岩浆晚期显微结构的研究表明,其粒间熔体发生了不混溶作用,当富 Fe 熔体、富 Si 熔体和周围矿物之间未发生相对分离时,三者之间都是平衡的关系,然而随着富 Si 熔体在重力场作用下向上迁移走之后,残留的富 Fe 熔体就与周围的堆晶矿物失去平衡而发生反应(Holness et al.,2011)。

对于一个岩浆体系,在其演化进入不混溶域之后,单一成分的熔体发生分解产生两种成分不同的共轭熔体。然而,不混溶的两相熔体的成分并不是固定的,而是随着岩浆冷凝以及分离结晶的进行不断演化(马鸿文等,1998)。在不混溶作用发生的初期,共轭熔体相之间的成分差距较小(马鸿文 等,1998;Charlier et al.,2013),两者之间界面能也较低(Veksler et al.,2010;Charlier et al.,2013)。随后,不混溶两相成分分别沿着拱形分解线的两边扩展,成分间断越来越大,而岩浆总体成分(富 Fe 熔体+富 Si 熔体)的演化等效于单一的分离结晶演化线,两相熔体的相对比例可以根据杠杆原则来确定(图 1-2)(Charlier et al.,2012,2013)。由图 1-2 可以看出,随着温度降低,岩浆总体成分趋向于富 Si,富 Si 熔体在两相熔体中的比例也不断地升高,最终只剩下富 Si 熔体,岩浆总体成分离开不混溶域,继续沿着单一的分离结晶线演化。

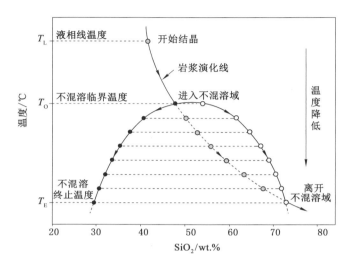

图 1-2　玄武质岩浆演化穿过不混溶域示意图

第三节　矿物中的熔体包裹体

　　矿物中的熔体包裹体是矿物结晶过程中捕获的微量熔体珠滴冷却固化而成的（Sorby，1858；Roedder，1979），记录了丰富的岩浆系统信息，是研究岩浆起源和演化的有力工具（Kent，2008）。相比全岩、矿物、基质玻璃等研究对象，熔体包裹体具有一些独特的优势，主要表现在以下四个方面：

　　（1）火山岩中的熔体包裹体，常被用来研究火山喷发与岩浆脱气（Anderson et al.，1993；Wallace et al.，1998；Gurenko et al.，2005）以及地幔的挥发分结构（Sobolev et al.，1996；Saal et al.，2002）。玄武岩中的基质玻璃往往容易蚀变，即使未蚀变，由于浅部的脱气作用，这些挥发分也已经极大地损失（Newman et al.，2000；Saal et al.，2002）。而玄武岩中的熔体包裹体被捕获时的压力比最终喷发时的压力要高很多，因而，其可能记录喷发前溶解在岩浆中的易挥发元素（H、C、Cl、S、F 等）（Metrich et al. ,2008;Blundy et al. ,2008)。

（2）熔体包裹体是矿物结晶时捕获的周围熔体,反映了特定阶段的熔体成分。高 Fo 值橄榄石中记录的熔体比喷出的玄武岩玻璃成分更加原始,在一些情况下可以提供接近原生岩浆的成分。对于侵入岩来说,岩浆经历了缓慢的冷凝结晶过程,最终所有熔体全转变为矿物并固结成岩,熔体包裹体可以捕获不同时间的熔体成分,因而保存了岩浆递进演化的信息。

（3）熔体包裹体可以揭示更加微观的岩浆组成信息。宏观上均一的熔体,在微观上可能是不均一的。例如,由于起源、混染、混合、不混溶、温度梯度等所导致的岩浆内部成分多样性,在较大的尺度(如全岩尺度)上往往难以显示,而在较小尺度(如包裹体尺度)上却有可能表现出来(Sobolev,1996;Kent et al. ,1999,2002;Norman et al. ,2002;Maclennan et al. ,2003)。

（4）对于经受风化作用、热液蚀变作用或低温变质作用的岩石来说,耐蚀变矿物中记录的熔体包裹体可能是唯一的重建熔体成分的载体(McDonough et al. ,1993;Shimizu et al. ,2001;Kamenetsky et al. ,2002)。

虽然熔体包裹体可以提供很多有价值的信息,但是在研究包裹体时十分谨慎才有可能获得这些有用的信息。首先,熔体包裹体体积很小,粒度常在数微米到数十微米之间,可用于分析的体积有限,只能通过微区分析手段进行测试,如 EPMA、LA-(MC)-ICP-MS、SIMS。相比于常规的全岩粉末或玻璃分析,熔体包裹体测得的成分,尤其是微量元素和同位素组成,具有更大的不确定性。其次,用熔体包裹体反演熔体成分时,常需要做出外推,将空间尺度外推 10^{10} 倍或者更大的尺度(Kent,2008)。值得思考的问题是,熔体包裹体能在多大程度上代表岩浆房中大规模的熔体成分信息? 熔体包裹体形成的过程中,可能会有一些组分被优先捕获,或者有边界层的捕获,或者由于矿物的溶解与反应等一些局部的过程而记录一些异常的熔体成分,这些都会导致熔体包裹体所记录的熔体信息并不能完整、准确地反映岩浆房中熔体信息(Danyushevsky et al. ,2003,2004;Yaxley et al. ,2004;Faure et al. ,2005;Baker,2008)。因而,不能简单地将一些异常的熔体包裹体信息外推到更大规模的尺度上。另外,熔体包裹体被捕获后,一些过程可能会导致包裹体成分偏离其捕获时的成分。这些过程包括捕获边界层(Danyushevsky et al.,2003,2004;Baker,2008)、寄主矿物从被捕获的熔体中结晶(Roedder,1979;Danyushevsky et al.,2000;Kress et al.,2004)、熔体包裹体通过扩散作用与寄主矿物或者外部熔体发生成分交换(Danyushevsky et al.,2000;Cottrell et al.,2002;Spandler et al.,2007)等。需要考虑这些过程对熔体包裹体成分可能产生的影响。

早期对熔体包裹体的研究多是关注熔体包裹体中的结晶作用以及通过加热实验来估算包裹体捕获时的温度(Sobolev et al.,1975;Roedder,1979)。目前,大量的研究工作集中于利用显微分析技术来确定包裹体中元素的含量和同位素组成。少部分喷出岩中的寄主矿物直接保留了较好的淬冷玻璃,可以直接用于微区分析。但是,对于侵入岩以及大量喷出岩而言,被捕获的熔体包裹体由于发生了后期的结晶作用而转变为多种晶体相或者晶体相与残余玻璃的混合物。

对于结晶的熔体包裹体,可以通过多种手段来获取熔体包裹体的成分,常见的方法有三种:① 激光剥蚀法;② 质量平衡计算法;③ 加热均一法。

一、激光剥蚀法

首先,将包裹体连同周围的少量寄主矿物一起剥蚀掉送入载气中,采集各种元素的信号强度;然后,通过一定的计算方法提取出熔体包裹体中各元素的含量信息(Halter et al.,2002;Zajacz et al.,2007)。计算方法的基本原理如图 1-3 所示。

图 1-3 中所示的关系可以用下式来表达:

$$x = \frac{m^{\text{INCL}}}{m^{\text{MIX}}} = \frac{C_i^{\text{HOST}} - C_i^{\text{MIX}}}{C_i^{\text{HOST}} - C_i^{\text{INCL}}} \tag{1-1}$$

式中,x 是包裹体占剥蚀混合物质量的比例;m^{INCL} 是包裹体的质量;m^{MIX} 是剥蚀混合物的总质量;C_i^{HOST} 是元素 i 在寄主矿物中的含量;C_i^{MIX} 是元素 i 在剥蚀混合物中的含量;C_i^{INCL} 是元素 i 在包裹体中的含量。

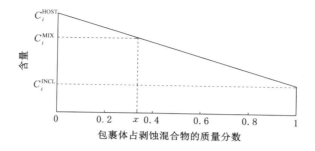

图 1-3 包裹体、剥蚀混合物、寄主矿物中元素 i
含量与包裹体占剥蚀混合物质量比例 x 关系图

式(1-1)经过转换之后,可得到包裹体中元素 i 含量的表达等式:

$$C_i^{\text{INCL}} = C_i^{\text{HOST}} - \frac{(C_i^{\text{HOST}} - C_i^{\text{MIX}})}{x} \qquad (1\text{-}2)$$

式中,各符号的含义同式(1-1)。

在式(1-2)中,C_i^{HOST}、C_i^{MIX} 都可以通过实验直接测定,而 x 无法直接测定。要想求得元素 i 在包裹体中的含量 C_i^{INCL},可以通过增加以下约束条件:① 通过其他方式(如电子探针)获知包裹体中某一元素的含量;② 剥蚀两个共结晶矿物中的熔体包裹体,联立方程组;③ 对于橄榄石中的包裹体,可以通过橄榄石/熔体中 Fe/Mg 分配系数($D_{\text{Fe/Mg}} = 0.03$)来求解。

这种方法的优点是相对快速高效,且可以同时获取包裹体的主微量元素。但是,也存在不足之处:① 激光剥蚀区域并不是均质的,而是含有寄主矿物以及包裹体中各相子矿物,不同矿物具有不同的基体效应,这将对分析准确度产生影响。② 对于一些较小的包裹体($<20\ \mu\text{m}$),分析误差较大(Zajacz et al.,2007)。③ 对于一些不规则的包裹体则难以采集信号,如 Skaergaard 岩体斜长石中很多熔体包裹体呈现出拉长状或极度不规则状,严重偏离等轴状形态。④ 某些包裹体可能并不是熔体包裹体,而是单矿物包裹体,采用激光剥蚀法时难以进行有效的区分。⑤ 估算包裹体的成分时,需要获得一个额外的等式关系或者元素含量,为了获得这种等式关系或者元素含量,常假定同一个样品中的所有包裹体具有相同

的成分,而这种假设对于很多样品来说可能并不正确,如一个样品若记录了不混溶的熔体信息,则本身各包裹体成分就是不一样的。

二、质量平衡计算法

质量平衡计算法的基本原理是:获取包裹体中各子矿物相的成分以及所占比例,采用加权平均法估算包裹体的总体成分。可以用下式来表达:

$$C_i^{\mathrm{INCL}} = \sum C_i^j W_j \qquad (1-3)$$

式中,C_i^{INCL} 表示元素 i 在包裹体中的含量;C_i^j 表示元素 i 在子矿物相 j 中的含量;W_j 表示子矿物相 j 在包裹体中所占的比例。

若要求取元素 i 在包裹体中的含量,则需要先知道包裹体中各子矿物相的成分以及所占比例。获取这两个参数的方法以及可能引起的误差如下:

确定各子矿物相的成分常用的方法是采用电子探针进行原位分析。但在分析的过程中,电子束(即使采用聚焦束斑)会在样品表面一定的区域内激发 X 射线信号,因而对于粒径较小的子矿物,所得的成分中往往会混入周围矿物相成分的信息。如果子矿物相有成分环带,则更难确定出合理的参与计算的子矿物相成分。

确定包裹体中各子矿物相所占的比例时,常用的方法是在靶或者薄片上通过打磨抛光将包裹体暴露于表面,然后估算暴露出来的二维平面上各子矿物相的面积,并用面积百分数近似代表体积百分数。但这种方法也有缺陷:一是难以估算被捕获熔体沿着包裹体壁的结晶量;二是由于切面的随机性以及包裹体中各相形态的不规则性、分布的随机性,不同的切面所暴露的各相比例可能会有较大的差别,这也就降低了估算的准确度。目前,已经有学者采用高分辨率计算机断层扫描技术(High-resolution 3D X-ray CT)对包裹体在三维空间上进行研究,以获取各子矿物相含量及分布(Liu et al. ,2014a)。

三、加热均一法

加热均一化法是获取熔体包裹体成分组成的最好的方法。其基本原理是:对包裹体进行加热处理,然后淬冷,以获取均一化的玻璃,并对玻璃进行成分分析。这种方法可以消除多晶包裹体中成分不均匀性带来的各种分析误差。常用的熔体包裹体均一方法包括高温热台加热法和高温电炉加热法。

高温热台加热法是将小块的包裹体片或者单矿物颗粒放在显微加热台的热点之上进行逐步加热。这种方法的优点是可以直接观察包裹体中的相态变化和测量包裹体的均一化温度;缺点是样品准备较烦琐,而且一次只能加热一个包裹体,效率较低。特别是当样品中寄主矿物普遍发育微裂隙或者光学显微镜下难以区分是单矿物包裹体还是熔体包裹体时,实验效率会非常低。

高温电炉加热法是将挑选好的矿物晶体放入高温电炉(通常为一个大气压,有一些仪器可以控制压力)之中,加热到一定温度并淬冷。这种方法的优点是样品准备较简单,一次性可以加热大量的包裹体,效率较高,并可以控制氧逸度和压力;缺点是加热之前需要先给定一个加热温度,且不能观察到包裹体的均一化过程。

在对包裹体进行加热处理之后,还需要将均一化的包裹体暴露出来才能进行电子探针分析。常用的方法是将含有包裹体的矿物颗粒镶嵌在环氧树脂或者其他镶嵌媒介中,然后打磨抛光以暴露出包裹体。

第四节 主要研究内容及意义

在我国四川攀西地区,沿南北向断裂带出露一系列赋存钒钛磁铁矿矿床的镁铁-超镁铁质层状岩体,包括攀枝花、红格、新街、白马和太和岩体,它们是峨眉山大火成岩省的重要组成部分(Zhou et al.,2005,2008)。这些层状岩体中已探明的钒钛磁铁矿矿石资源储量达100亿t,使得攀西地区成为世界上最大的钒钛磁铁矿矿集区(马玉孝 等,2003;杨保祥,2006)。虽然攀西地区这些含矿岩体的岩性序列和矿石特征有所差异,但相对于世界上其他的大型层状岩体而言,具有两个共同的独特特征:一是大量的块状、半块状矿石发育在岩体的偏下部位；二是岩体规模小，而矿体占岩体的比例相对较大（图 1-4）。

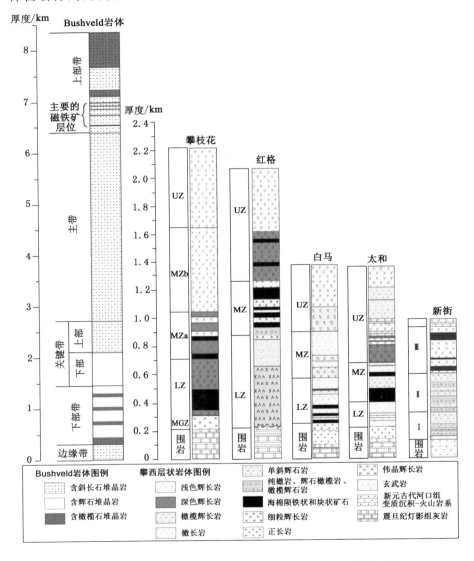

图 1-4　攀西地区层状岩体与南非 Bushveld 岩体含矿层位对比

（据王焰 等，2017，有修改）

　　大量钒钛磁铁矿富集成矿的机制一直是该地区的研究热点。前人主要从全岩地球化学、同位素、矿物化学、显微结构等方面对层状岩体的演化及钒钛磁铁矿的形成做了探讨,但是所得出的结论分歧很大。目前,主要有两种观点:磁铁矿早期分离结晶(Pang et al.,2008a,b,2009;Song et al.,2013)和岩浆不混溶作用(Zhou et al.,2005,2013;Wang et al.,2013;Liu et al.,2014a,b)。毋庸置疑,分离结晶是控制岩浆演化的重要过程,但是不混溶是否也起了重要作用尚并不明确。熔体包裹体作为矿物结晶时捕获的岩浆珠滴,可以较好地反映岩浆的成分信息,为成岩成矿过程提供最直接的制约。因此,本研究选定矿物中的熔体包裹体这个独特的角度,并结合粒间显微结构、矿物环带、矿物化学成分、数值模拟等方面信息,来探讨攀西层状岩体及其所含钒钛磁铁矿矿床的成因。本研究的工作将揭示攀西地区钒钛磁铁矿矿床形成过程中岩浆不混溶是否存在、不混溶是否是大量矿石层形成的关键因素,丰富钒钛磁铁矿成矿理论,并为进一步的区域找矿勘探提供依据。

第二章 地 质 背 景

第一节 峨眉山大火成岩省

峨眉山大火成岩省位于扬子板块西缘,总体上处于太平洋构造域与特提斯构造域的交接部位,主要由大陆溢流玄武岩、镁铁-超镁铁质岩体、长英质岩体以及少量的苦橄岩、粗面岩和流纹岩组成(图 2-1)(Xu et al.,2001;张招崇,2001;Xiao et al.,2004a,b;Qi et al.,2008)。峨眉山大火成岩省西界为哀牢山-红河断裂,西北界为龙门山-小菁河断裂,向南延伸到越南北部,向东延伸至湖南、广西的部分地区,覆盖面积超过 0.5×10^6 km^2(Chung et al.,1995;Xu et al.,2001)。

峨眉山玄武岩集中爆发于约 260 Ma,持续时间小于 1 Ma(Sun et al.,2010;Zheng et al.,2010;He et al.,2007;Zhong et al.,2014),岩浆喷发总量约为 9×10^6 km^3(Zhu et al.,2003)。大多数学者认为,峨眉山大火成岩省的形成与 260 Ma 的峨眉山地幔岩浆活动有关(Chung et al.,1995;Xu et al.,2001,2004)。此外,峨眉山大火成岩省的形成时间与二叠纪瓜德鲁普统末的生物大灭绝事件同期,地幔柱活动诱发的短时间内大规模岩浆爆发被认为是导致此次生物灭绝的主要原因(Zhou et al.,2002a;Zhang et al.,2013)。

地层学研究表明,峨眉山玄武岩覆盖在茅口组灰岩之上,其上被同时异相的陆相宣威组碎屑岩和海相龙潭组碎屑岩覆盖(He et al.,2007)。茅口组灰岩存在明显的差异剥蚀,并在空间上呈有规律的变化,自西向东

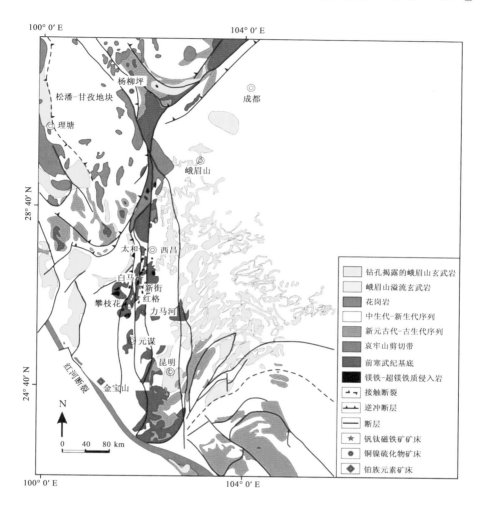

图 2-1 峨眉山大火成岩省地质简图

(据 Zhou et al.,2002a,有修改)

可分为内带、中带、外带(He et al.,2003;Xu et al.,2004)。内带为深度剥蚀带,地层大量缺失,有的地区甚至缺失整个茅口组地层,剥蚀面起伏规模大;中带剥蚀程度中等,地层部分缺失,剥蚀面起伏不平;外带的地层很少缺失,普遍发育一层古风化壳(Xu et al.,2004;何斌 等,2005,2006)。此外,地球物理资料表明,峨眉山地区地壳厚度从内带到中带再到外带呈现递减趋势,且内带岩石圈地幔存在一个高速异常透镜体,而在中间带和外带位置普遍缺失(Xu et al.,2007)。这些现象表明,在峨眉山玄武岩喷发之前,扬子板块西缘有过一次快速、千米级的穹状隆起(何斌 等,2004;徐义刚 等,2007)。峨眉山玄武岩的厚度总体上与地壳隆起结构具有协调关系,呈现自西向东逐渐变薄的趋势,最大厚度出现在攀西地区,厚约 5 400 m,而东部边缘只有约 500 m 左右(张云湘,1988;Chung et al.,1995;Xiao et al.,2003,2004a,b;Xu et al.,2004)。

峨眉山玄武岩的 TiO_2 含量呈连续变化,变化范围较宽,但基本在 1%~5%之间(张招崇,2009)。根据玄武岩的 TiO_2 含量和 Ti/Y 比值,峨眉山玄武岩可以被划分为高 Ti 玄武岩(>2.5 wt.% TiO_2,Ti/Y>500)和低 Ti 玄武岩(<2.5 wt.% TiO_2,Ti/Y<500)(Xu et al.,2001)。其中,高 Ti 系列可进一步划分为三个亚系列:HT1、HT2、HT3。HT1 的特征是高 TiO_2 (3.65~4.7 wt.%)、Nb/La(0.75~1.1),低 SiO_2 (45~51 wt.%);HT2 与 HT1 地球化学特征类似,只是相对亏损 U、Th;HT3 具有较高的 Mg# 值 (0.51~0.61)。低 Ti 玄武岩可进一步划分为 LT1 和 LT2 两个亚系列。LT1 相对于 LT2 具有更高的 Mg# 值(51~67)和(^{87}Sr/^{86}Sr)$_i$ 值(0.706~0.707),更低的 Nb/La 值(<0.9)和 εNd(t)值(-6.74~-0.34);LT2 具有较高的 Nb/La 值(>1.1)和 εNd(t)值(-1.2~+0.4)。LT1、HT 型岩浆起源于不同的地幔源区,从 LT1 到 LT2 再到 HT,岩浆成分有一个递进的关系,LT1 的源区具有显著的富集岩石圈地幔贡献,而 LT2 地幔源区明显加深,HT 可能来自更深的地幔柱物质(Xiao et al.,2004a)。LT、HT3 岩浆经历了深部的橄榄石、辉石结晶;HT1、HT2 岩浆经历了深部的斜长石、辉石分离结晶;HT1 岩浆具有上地壳物质混染;HT2 可能混染有壳幔边界的辉长岩层(Xu et al.,2001)。

苦橄岩在整个峨眉山熔岩系中所占比例很小,主要分布在云南省的渡口、金平颁达、丽江、大理、木里、二滩等地区(Xiao et al.,2003,2004a,b;Zhang et al.,2006;Xu et al.,2007;郝艳丽 等,2011),代表了峨眉山大火成岩省的原生岩浆组成(Zhang et al.,2006)。对云南丽江地区苦橄岩中橄榄石、单斜辉石、铬尖晶石的成分研究显示,丽江苦橄岩液相线温度约为

1 600 ℃,是地幔柱作用的产物,且其上升过程中受岩石圈地幔和地壳物质的混染作用很小(张招崇 等,2004b,2006)。以丽江为中心,周围地区的苦橄岩原始熔融温度逐渐降低,暗示丽江地区可能是峨眉山地幔柱的轴部位置(张招崇 等,2004a,2005)。而峨眉山放射状基性岩墙群收敛于云南永仁地区,与隆升剥蚀程度所限定的穹状隆起的位置吻合,表明地幔柱的轴部头部的中心位置在云南永仁一带(何斌 等,2006;李宏博 等,2010)。由高温苦橄岩所限定的地幔柱轴部与由放射状岩墙群限定的轴部位置不一致,表明了早期形成的苦橄岩可能由于地表隆升而遭受强烈的剥蚀,未能保留下来(李宏博 等,2010)。

镁铁-超镁铁质岩体、花岗岩体、正长岩体等侵入体主要分布于攀西地区、龙门山南段以及会理-元谋地区。镁铁-超镁铁质岩体常伴随有铜镍硫化物矿化或钒钛磁铁矿矿化。含铜镍硫化物矿化的镁铁-超镁铁质岩体规模相对较小,主要分布于龙门山南段和会理-元谋地区;而富含钒钛磁铁矿的镁铁-超镁铁质岩体规模相对较大,主要分布在攀西地区。花岗岩、正长岩体与玄武岩、镁铁-超镁铁质岩体在空间上紧密伴生,形成时代也一致,被前人称为"三位一体",常作为区域找矿的标志(张云湘 等,1988)。

第二节　攀西地区地质概况

攀西地区位于四川省西南部,包括攀枝花市和凉山彝族自治州大部分地区。该区位于峨眉山大火成岩省内带,是世界最大的钒钛磁铁矿矿集区。区内自西向东发育有四条主干断裂带:攀枝花断裂带、昔格达断裂带、磨盘山断裂带和安宁河断裂带。这些断裂带控制着攀西地区的构造轮廓和边界。

攀西地区在大地构造上属于扬子板块西缘的一部分。该区的结晶基底主要由新太古代-古元古代的康定杂岩、中元古代的火山岩和沉积岩、新元古代的中酸性火山岩-沉积岩等组成(四川省地质矿产局攀西地质大队,1987;Li et al.,2002;Zhou et al.,2002b)。康定杂岩主要由变质表壳岩(红格群)、变质侵入体(同德变质辉长岩)、TTG 岩套(大田杂岩)组成。中元古代的火山岩和沉积岩可分为同时异相的盐边群和会理群。盐边群主要分布于盐边一带,由巨厚的枕状熔岩及其上的变质板岩、千枚岩、变质砂岩和碳酸盐岩组成,厚度大于 6 000 m。会理群主要分布于会理和米易一带,总体以浅变质正常沉积岩为特征,夹少量火山岩,厚度约 2 500 m。本区内,新元古带仅发育震旦系地层,震旦系地层出露完整并与下伏盐边群、会理群地层呈不整合接触,可划分为下统下部的火山岩建造,下统上部的冰碛碎屑岩和浅水湖相粉砂岩建造,上统下部的灰色含海绿石海相碎屑岩建造,上统中部的紫色砂岩、页岩夹灰岩、白云岩建造,上统上部的碳酸盐岩建造。寒武系-二叠系地层厚达数千米,主要由碎屑岩和碳酸岩组成,不整合覆盖于攀西地区古老基底之上。受峨眉山地幔柱事件所引发的隆升剥蚀作用的影响,本区缺失晚奥陶统-石炭系的地层(He et al.,2003)。

攀西地区的峨眉山玄武岩出露较少,主要是高 Ti 玄武岩,分布于龙帚山、米易、二滩一带(Xu et al.,2001;Qi et al.,2008)。但区内受控于南北向的深断裂带,出露一系列镁铁-超镁铁质岩体,构成了一条长 300 km、宽 10~30 km 的钒钛磁铁矿和铜镍硫化物成矿带(图 2-2)(张云湘 等,1988;Zhou et al.,2005)。其中,包括富含钒钛磁铁矿的层状岩体,如攀枝花、红格、白马、太和、新街,以及几个中小型的铜镍硫化物矿床,如力马河、朱布、金宝山岩体。攀西地区已探明钒钛磁铁矿矿石资源储量达 100 亿 t,是我国主要的 V、Ti、Fe 资源产地。其中,攀枝花、红格和白马岩体矿石储量分别为 13.3 亿 t、45.2 亿 t 和 14.9 亿 t;规模相对较小的太和与新街岩体,矿石储量分别为 8.1 亿 t 和 4.1 亿 t(马玉孝 等,2003)。攀枝花岩体倾向北西 50°~60°,呈岩席状沿北东-南西向展布,长约 19 km,出露面积约 30 km²(Zhou et al.,2005)。红格岩体呈单斜层状产出,大体向西倾斜,倾角 10°~30°,在地表沿南北走向长约 16 km,东西宽 3~6 km,出露面积约 60 km²(Wang et al.,2013)。白马岩体倾向西部,倾角 50°~70°,沿南北走向延伸,长约 24 km,东西宽 2~6 km,出露面积达到 100 km²(四川地矿局攀西地质综合研究队,1984;陈富文,1990)。太和岩

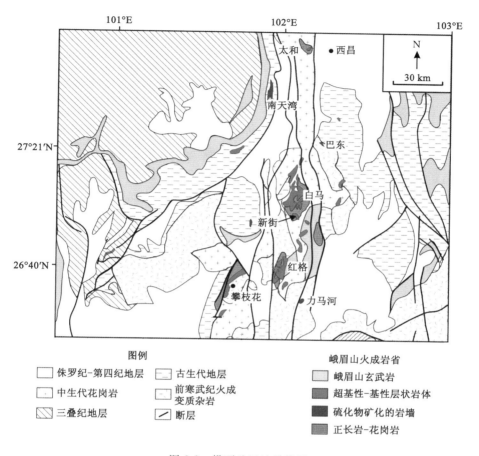

图 2-2　攀西地区地质简图

(据 Song et al. ,2001 和 Pang et al. ,2009,有修改)

体倾向南东,倾角 50°～60°,地表出露长约 3 km,宽约 2 km,向南东地下延伸超过 3 km,出露面积约 13 km² (Hou et al. ,2012;She et al. ,2014)。新街岩体沿北西-南东方向延伸,长 7.5 km,宽约 1.2 km,厚 1～1.5 km (Dong et al. ,2013)。攀枝花、白马、太和岩体主要由辉长岩组成,缺失超镁铁质岩体,而红格和新街岩体由下部的超镁铁质岩石和上部的辉长岩组成。

　　除了层状岩体之外,攀西地区还发育有一些非层状的镁铁-超镁铁质岩体,但规模都较小。镁铁质侵入岩大体呈南北向带状分布,以大渡口牛圈房岩体为主,其次有夹马槽、田房箐、养地箐等小型岩体,岩性以辉长-辉绿岩为主,粒度较细,岩性变化较复杂。岩体中常发育有小型的花岗岩体和岩脉。超镁铁质岩体有阿布郎当岩体、垭口岩体、勐新岩体等。垭口岩体呈小型盆状,由自下而上的二辉橄榄岩、角闪橄榄岩两个岩相带组成,相带间岩性连续过渡。勐新岩体以角闪岩为主,岩石呈灰黑色块状,细粒结构,主要由辉石和角闪石组成,局部含较多长石和石英,由于受到构造运动的影响,因此劈理构造发育。阿布郎当岩体是一个同心环状岩体,在平面上形如鞋底,中心相为纯橄岩,向外过渡为二辉橄榄岩、橄榄辉长岩(Wang et al.,2014)。

此外,攀西地区还出露有大量的长英质岩体。根据全岩成分的碱度和铝饱和指数可分为三类:过碱性正长岩和花岗岩体(如太和花岗岩体、白马花岗岩体、攀枝花花岗岩体)、偏铝质正长岩体(如卧水正长岩体、黄草正长岩体、大黑山正长岩体)和过铝质花岗岩岩体(如矮郎河花岗岩体)(Shellnutt et al.,2007;Zhong et al.,2007)。过碱性花岗岩和偏铝质正长岩都是地幔起源。其中,过碱性花岗岩与含有钒钛磁铁矿的层状岩体在时空上紧密伴生,被认为是幔源基性岩浆结晶分异的产物;偏铝质正长岩被认为是底侵于壳幔边界的峨眉山大火成岩省基性岩石部分熔融的产物;过铝质花岗岩则被认为是扬子板块基底岩石部分熔融的产物(Shellnutt et al.,2007)。

第三章　实验及分析测试方法

第一节　熔体包裹体加热均一化

新鲜的岩石样品经过破碎、过筛后,分选出磷灰石单矿物。分选出的磷灰石经过双目镜下的二次观察、挑选,得到含包裹体的颗粒,用于后续的包裹体加热、制靶。

磷灰石中包裹体的加热均一化采用立式氧逸度控制高温炉,在中国科学院广州地球化学研究所同位素地球化学国家重点实验室完成。实验在一个大气压条件下进行,氧逸度通过调节通入炉管内 CO_2 和 H_2 的比例控制在 QFM$-$1。将含包裹体的磷灰石颗粒分批装入铂金袋中,然后将铂金袋挂在耐火竿底端,通过耐火竿将铂金袋从炉管口处逐步缓慢下移至炉管中心。样品在炉管中心位置处停留并恒温一段时间,随后迅速取出,在空气中淬冷。多次尝试发现,炉心温度调至 1 080~1 200 ℃、样品升温时间 30~120 min、炉心处恒温 30~60 min 多种条件下,包裹体均一化效果无明显区别。实验过程中,一般将炉心温度设为 1 100 ℃,样品 2 h 内升至最高温,并恒温 30 min。用环氧树脂将经过加热处理的含包裹体磷灰石颗粒制作成直径约为 1 in(1 in=2.54 cm)的靶,经过打磨、抛光,暴露出熔体包裹体,以备原位成分分析。

第二节　电子探针成分分析

矿物和熔体包裹体的原位成分分析在中国科学院广州地球化学研究所 JEOL JXA-8230/JXA-8100 型电子探针仪上完成。矿物分析所采用的条件是:加速电压 15 kV,PCD 电流 20 nA。熔体包裹体分析所采用的条件是:加速电压 15 kV,PCD 电流 10 nA。对于矿物,电子束斑设为 1 μm;对于均一化玻璃(包括未完全均一化包裹体中的熔体玻璃),电子束斑设为 3 μm。对于攀枝花和红格岩体磷灰石中未均一化的复杂多相包裹体,束斑大小视包裹体尺寸和形态而定,每个包裹体通常被分析若干个点位以求取平均值。分析过程中 Na、K 被首先分析,以降低其在电场作用下可能的丢失。分析标样为 SPI 标准矿物组合。数据校正采用 ZAF 法。

第三节　元素含量面分析

元素含量面扫描在中国科学院广州地球化学研究所 JEOL JXA-8230 型电子探针仪上完成。对单斜辉石的 Mg、Fe、Ti、Al、Ca 和 Si 含量进行了面扫描,实验条件:加速电压 20 kV,PCD 电流 100 nA,束斑 2 μm。扫描点间距设为 4 μm,每个扫描点的停留时间设为 50 ms。所用分光晶体为 TAP 晶体(Si、Mg、Al)、LIF 晶体(Fe、Ti)和 PET 晶体(Ca)。对熔体包裹体的 Si、Fe、Ca 等元素含量进行了面扫描,实验条件:加速电压 15 kV,PCD 电流 10 nA,束斑 1 μm(或 SPOT 模式)。扫描点间距根据包裹体大小而定,扫描点的停留时间设为 100 ms。所用分光晶体为 TAP 晶体(Si)、LIF 晶体(Fe)和 PET 晶体(Ca)。

第四章　攀枝花层状岩体岩浆演化过程

第一节　野外地质特征

攀枝花层状岩体呈岩席状沿北东-南西向展布,长约 19 km,倾向北西 50°~60°,出露面积约 30 km²(马玉孝 等,2001)(图 4-1)。岩体侵入震旦纪灯影组白云质灰岩中,并在底部接触带形成超过 300 m 厚的大理岩和矽卡岩化带(Ganino et al.,2008)。大理岩和矽卡岩带中发育有大量的苦橄岩脉(图 4-2),岩体顶部与同期的花岗岩或三叠纪沉积岩呈断层接触(四川省地质矿产局攀西地质大队,1984)。一系列的北西向断裂将岩体切割为朱家包包、兰家火山、尖山、倒马坎、贡山和纳拉箐六个块段(图 4-1)。

攀枝花钒钛磁铁矿矿床现今主要的采矿活动集中在朱家包包、兰家火山、尖山三个矿段(即朱矿和兰尖铁矿),纳拉箐矿段也有断续的小量采矿作业。这些矿段都具有矿体埋藏浅、可开采条件好的特征,长年的露天开采已经形成了极深的采坑,并使得岩体不同层位的岩石均有较好的暴露[图 4-2(a)]。岩体底部与新元古代白云质灰岩接触,接触带处白云质灰岩已经热变质为大理岩。在接触带的大理岩石中,发育有大量的异剥橄榄岩脉[图 4-2(b)]。

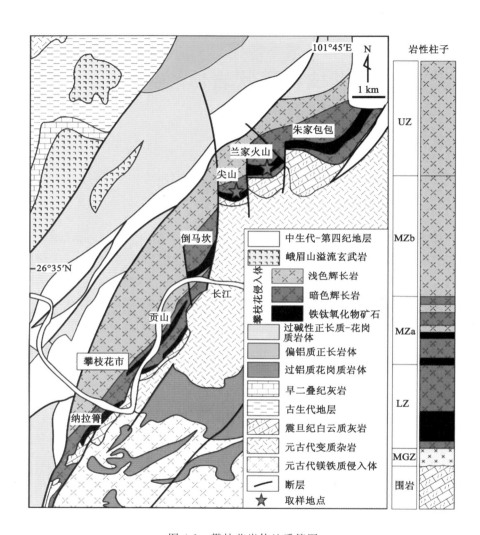

图 4-1 攀枝花岩体地质简图

（a）

（b）

MGZ—边缘带；LZ—下部带；MZa—中部带 a；MZb—中部带 b；UZ—上部带。

图 4-2 攀枝花铁矿露天采坑图

第二节 岩相学特征

攀枝花层状岩体自下而上可划分为:边缘带(MGZ)、下部带(LZ)、中部带(MZ)和上部带(UZ)[图 4-2(a)](李德惠 等,1982;王正允,1982)。边缘带厚 0~40 m,主要由细粒辉长岩和大理岩捕房体组成,无明显的分带和韵律构造,流面产状与围岩一致,显示原始侵位特征,被认为是岩体的冷凝边(Zhou et al.,2005);下部带厚 0~110 m,主要由层状暗色辉长岩和浸染状、块状矿石层组成,为层状岩体的主要赋矿带;中部带厚约800 m,主要由浅色辉长岩组成,层理发育,并含有浸染状矿石条带,根据堆晶磷灰石的出现和钛铁矿含量的明显增加进一步分为下部的 MZa 和MZb(Pang et al.,2008b);上部带厚 500~1 500 m,主要由浅色辉长岩组成,顶部为中粒块状岩石,向下逐渐过渡为流层状构造,下部可见稀疏暗色矿物条带(马玉孝 等,2001;Zhou et al.,2005)。

边缘带的细粒辉长岩主要由斜长石(30~60 vol. %)、单斜辉石(15~40 vol. %)、角闪石(5~40 vol. %)和铁钛氧化物(10~20 vol. %)组成,矿物粒度一般为 0.1~0.5 mm,少量单斜辉石和斜长石可呈0.5~1.5 mm 大小的斑晶出现,三相矿物接触点常呈 120°边界角关系[图 4-3(a)]。

下部带和 MZa 的岩性类似,主要包括块状矿石、网状矿石、含矿暗色辉长岩,这些岩石由不同比例的单斜辉石、斜长石、磁铁矿、钛铁矿和少量橄榄石组成[图 4-3(b)、(c)、(d)]。在块状矿石、网状矿石中,斜长石、单斜辉石被铁钛氧化物完整包裹;在含矿暗色辉长岩中,铁钛氧化物充填于单斜辉石、斜长石粒间[图 4-3(b)、(c)、(d)]。在单斜辉石、斜长石与铁钛氧化物的接触处常发育有角闪石、橄榄石边。此外,在这些富矿的岩石中,斜长石常呈现出港湾状结构,单斜辉石普遍发育钛铁矿出溶。

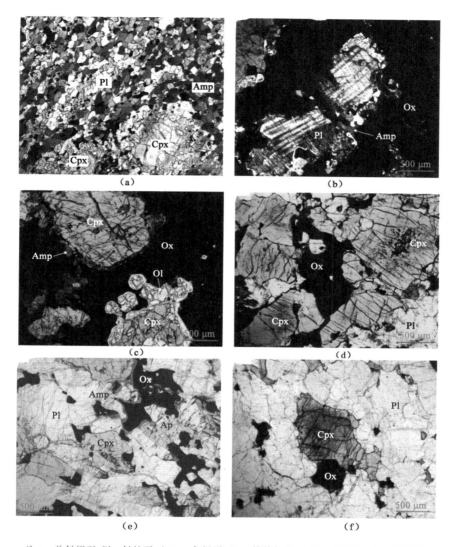

Cpx—单斜辉石;Pl—斜长石;Amp—角闪石;Ox—铁钛氧化物;Ol—橄榄石;Ap—磷灰石。

图 4-3 攀枝花岩体的岩石显微照片

(a) 边缘带细粒角闪辉长岩,含大量细粒斜长石、角闪石、单斜辉石及少量的粗粒单斜辉石;

(b) 下部带块状矿石,块状矿石中的斜长石颗粒弯曲变形,边界处发育大量角闪石反应边;

(c) 下部带浸染状矿石,铁钛氧化物包裹硅酸盐矿物,可见单斜辉石的角闪石、橄榄石反应边;

(d) MZa 含矿暗色辉长岩,单斜辉石多于斜长石,铁钛氧化物充填在硅酸盐矿物粒间;

(e) MZb 含磷灰石浅色辉长岩,斜长石多于单斜辉石,磷灰石与铁钛氧化物充填于硅酸盐矿物之间;

(f) 上部带浅色辉长岩,斜长石多于单斜辉石,少量铁钛氧化物充填于硅酸盐矿物之间

MZb 和 UZ 中常出现暗色辉长岩、浅色辉长岩交替出现的韵律层，但总体上以浅色辉长岩为主。暗色辉长岩主要由单斜辉石（20～45 vol.％）、斜长石（20～45 vol.％）、铁钛氧化物（10～30 vol.％）以及少量的橄榄石（<5 vol.％）和角闪石（<3 vol.％）组成。MZb 浅色辉长岩主要由斜长石（60～85 vol.％）、单斜辉石（10～30 vol.％）、铁钛氧化物（5～10 vol.％）以及少量的磷灰石（<6 vol.％）、橄榄石（<6 vol.％）和角闪石（<3 vol.％）组成［图 4-3（e）］。UZ 浅色辉长岩与 MZb 浅色辉长岩相比，除了磷灰石少见（<2 vol.％）外，其他矿物组成类似［图 4-3（f）］。

攀枝花岩体中的磷灰石颗粒多呈自形-半自形，粒径在 80～600 m 之间（图 4-4）。一些磷灰石较纯净，未见包裹体；一些磷灰石中含一个或多个包裹体。在光学显微镜下，可以看到包裹体颜色多呈浅白、灰黑、深棕等色，呈多边形、圆形、椭圆形或负晶体状（图 4-4），长 5～100 m。结晶化熔体包裹体多由单斜辉石、角闪石、斜长石/钠长石、铁钛氧化物及一些微粒结晶物质中的若干相组成。在一些包裹体（特别是宿主磷灰石有较多裂隙时）中可以观察到绿泥石。除了熔体包裹体外，磷灰石中还可见到一些单矿物（如斜长石、单斜辉石）的包裹体。

在攀枝花岩体下部的富矿辉长岩中至少可以见到两种类型的替代交生体结构：Type 1 型交生体和 Type 2 型交生体。Type 1 型交生体由蠕虫状的单斜辉石和斜长石相互交织组成［图 4-5（a）、（b）］，Type 2 型交生体由蠕虫状的铁钛氧化物和单斜辉石（或角闪石）组成［图 4-5（c）、（d）、（e）、（f）］。这些交生体的根矿物为铁钛氧化物，在根矿物与交生体之间常发育有角闪石。

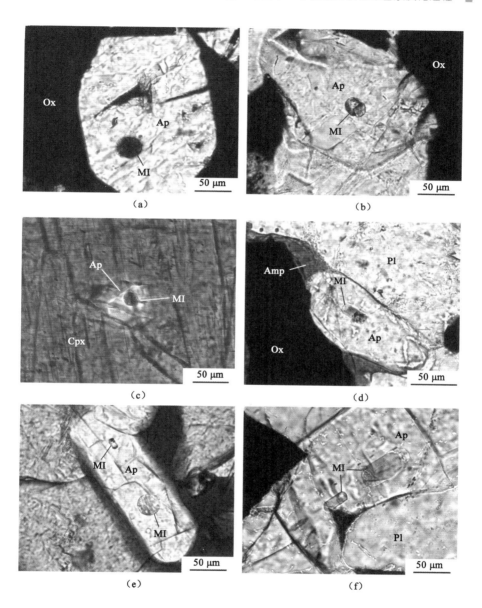

MI—熔体包裹体；Cpx—单斜辉石；Amp—角闪石；

Ox—铁钛氧化物；Ap—磷灰石；Pl—斜长石。

图 4-4 攀枝花岩体磷灰石中的包裹体

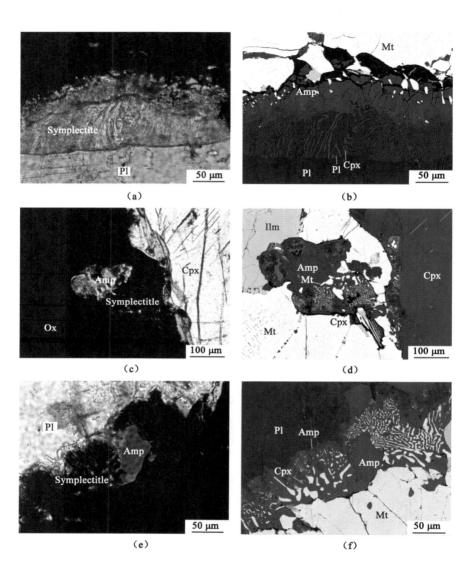

图(a)、(c)和(e)是透射单偏光照片;图(b)、(d)和(f)分别是图(a)、(c)和(e)对应的背散射照片。

Cpx—单斜辉石;Amp—角闪石;Mt—磁铁矿;Ilm—钛铁矿;Ox—铁钛氧化物;

Pl—斜长石;Symplecite—交生体(后成合晶)。

图 4-5　攀枝花富矿层中的交生体结构

第三节　分析结果

一、磷灰石中熔体包裹体成分

经加热和淬火之后,一些结晶化的熔体包裹体转变为均一熔体相,并含有气泡(图 4-6)。然而,很多熔体包裹体并未均一化,呈现为复杂多相的集合体,并大体上具有富 Fe 的特征[图 4-7(a)]。这可能是由于熔体被捕获后冷却或重新受热的过程中,一些子矿物相发生不可逆的结晶作用所致。例如,磁铁矿在 $3FeO+H_2O \longrightarrow Fe_3O_4+H_2\uparrow$ 反应过程中生成,使得 H_2 发生了不可逆的丢失(Danyushevsky et al.,2002)。在这种情况下,结晶化的熔体包裹体很难通过加热再被均一化。一些加热后的包裹体虽然没有完全均一化,但是呈现出了相互接触的富 Fe 和富 Si 熔体区域,并含有气泡[图 4-7(b)、(c)]。

加热后均一化的熔体包裹体含有 $49.4\sim74.0$ wt.％的 SiO_2、$0.12\sim13.2$ wt.％的 FeO_t(表 4-1);未均一化的熔体包裹体含有 $17.7\sim53.1$ wt.％的 SiO_2,$2.10\sim44.0$ wt.％的 FeO_t(表 4-2)。对于同一个岩石样品,其磷灰石中熔体包裹体在加热之后,既有均一化的,也有未均一化的。整体上,攀枝花岩体磷灰石中熔体包裹体展示了很大的成分变化范围,在 SiO_2-FeO_t 图解上呈连续的变化趋势,与 Skaergaard、Sept Iles 和 Bushveld 岩体磷灰石中熔体包裹体相似(Jakobsen et al.,2005,2011;Charlier et al.,2011;Fischer et al.,2016)[图 4-8(a)]。大体而言,攀枝花岩体中均一化的熔体包裹体比未均一化的熔体包裹体要更加地富 Si、贫 Fe。

如果简单地把未均一化的包裹体称为富 Fe 包裹体、均一化的包裹体称为富 Si 包裹体,则这些富 Fe 包裹体和富 Si 包裹体平均成分与文献中报道的共轭不混溶熔体对成分相近[图 4-8(b)]。

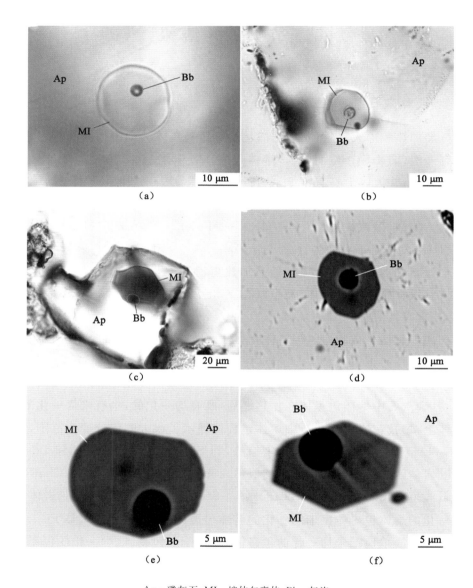

Ap—磷灰石；MI—熔体包裹体；Bb—气泡。

图 4-6　高温处理后磷灰石中均一化的熔体包裹体光学显微照片
[(a)、(b)和(c)]和背散射图像[(d)、(e)和(f)]

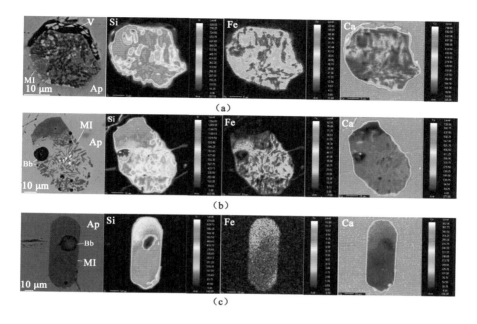

Ap—磷灰石;MI—熔体包裹体;V—空洞;Bb—气泡。

图 4-7 高温处理后磷灰石中未均一化的熔体包裹体元素分布图

表 4-1 攀枝花岩体 MZb 辉长岩磷灰石中代表性
均一化熔体包裹体成分

单位:wt.%

MI No.	SiO$_2$	TiO$_2$	Al$_2$O$_3$	FeO$_t$	MnO	MgO	CaO	Na$_2$O	K$_2$O	P$_2$O$_5$	合计
JS1216-1	72.96	0.79	14.98	1.22	0.11	0.14	3.26	1.73	1.78	0.07	97.05
JS1216-4	71.13	0.04	17.01	1.22	0.07	0.29	2.89	2.09	2.43	0.07	97.25
JS1216-7	73.96	0.06	15.01	1.2	0.09	0.26	2.62	1.75	2.45	0.03	97.42
JS1216-9	56.32	0.32	14.23	6.9	0.1	3.15	14.1	3.38	1.13	0.33	99.96
JS1216-24	73.15	0.37	15.37	2.29	0.1	0.48	2.49	1.92	2.14	0.08	98.38
JS1216-32	66.33	0.2	12.91	4.22	0.27	1.32	6.54	1.93	2.21	0.03	95.96
JS1212-13	61.63	0.07	19.75	1.26	0.04	0.18	7.92	3.95	3.67	0.02	98.49
JS1212-29	49.39	0.71	12.05	7.59	0.21	7.7	15.41	3.5	0.57	3.1	100.22
JS1212-31	54.78	1.84	14.32	5.58	0.17	3.18	9.58	2.85	1.58	2.82	96.7
JS1202-12	55.63	0.26	16.78	5.83	0.44	0.68	7.76	3.29	6.54	1.59	98.79
JS978-9	53.29	2.49	11.93	13.18	0.27	0.85	9.74	2.44	1.36	2.57	98.11
JS978-19	56.83	0.32	13.23	9.58	0.14	2.64	9.16	3.57	1.05	2.19	98.71

表 4-1(续)

MI No.	SiO$_2$	TiO$_2$	Al$_2$O$_3$	FeO$_t$	MnO	MgO	CaO	Na$_2$O	K$_2$O	P$_2$O$_5$	合计
JS980-14	71.75	—	17.85	0.12	0.03	0.02	1.66	3.23	3.64	0.01	98.3
JS981-8	64.55	0.05	17.5	1.65	0.02	0.43	3.54	3.48	7.83	0.06	99.11
JS981-9	63.18	0.34	15.95	3.67	0.11	2.07	6.6	5.54	2.4	1.16	101
JS983-5	61.9	0.22	16.89	2.17	0.08	1.36	7.92	2.98	2.95	1.1	97.57
JS985-20	62.59	0.29	15.85	3.35	0.06	1.82	5.82	3.91	4.04	0.8	98.53
JS987-4	58.6	1.37	18.91	2.42	0.04	1.17	8.06	3.5	0.24	1.3	95.62
JS989-4	66.78	0.14	14.45	1.91	0.1	1.09	7.21	1.39	3.98	1.02	98.08
JS989-7	63.06	0.16	15.3	1.88	0.09	1.03	7.93	3.79	3.41	1.28	97.93
JS989-10	60.19	0.01	20.52	1.79	0.09	0.12	9.51	3.74	0.25	1.67	97.88
JS989-12	62.58	0.61	16.21	2.25	0.1	1.07	8.43	4.45	2.18	1.61	99.48
JS989-13	50.23	2.19	16.52	6.73	0.11	6.72	10.63	3.97	1.52	0.58	99.2

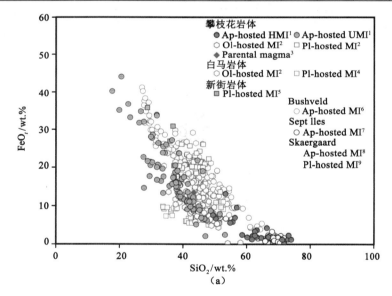

数据源:1—本研究;2—张艳(2014);3—Xu 等(2001);4—Liu 等(2016);5—Dong 等(2013);
6—Fischer 等(2016);7—Charlier 等(2011);8—Jakobsen 等(2005);9—Jakobsen 等(2011);
10—Kamenetsky 等(2013);11—Philpotts(1982);12—Dixon 等(1979)。
Ap—磷灰石;Pl—斜长石;MI—熔体包裹体;HMI—均一化包裹体;UMI—未均一化包裹体。
图 4-8 攀枝花磷灰石中熔体包裹体成分图解
(a)磷灰石中熔体包裹体成分 FeO$_t$ 与 SiO$_2$ 关系图解;
(b)磷灰石中富 Fe 包裹体和富 Si 包裹体平均成分(FeO$_t$+TiO$_2$+MnO+MgO+CaO+P$_2$O$_5$)与
(SiO$_2$+Al$_2$O$_3$+Na$_2$O+K$_2$O)关系图解(误差条长度指示每个数据集的标准偏差)

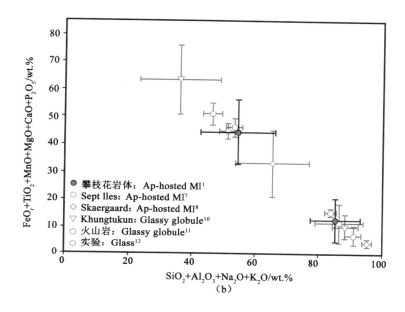

图 4-8（续）

表 4-2　攀枝花岩体 MZb 辉长岩磷灰石中代表性

未均一化熔体包裹体成分

单位：wt. %

包裹体	点次	SiO₂	TiO₂	Al₂O₃	FeO_t	MnO	MgO	CaO	Na₂O	K₂O	P₂O₅	合计
JS1216-3	1	42.25	0.45	10.23	23.18	0.59	8.36	12.44	0.42	0.11	0.19	98.22
	2	43.08	0.53	9.15	20.15	0.68	9.96	13.21	0.31	0.27	0.51	97.85
	均值	42.67	0.49	9.69	21.67	0.64	9.16	12.83	0.37	0.19	0.35	98.04
JS1216-10	1	38.69	0.67	10.42	22.86	0.41	7.29	17.42	0.38	0.11	0.96	99.22
	2	37.57	0.54	8.90	25.49	0.30	8.06	17.86	0.39	0.12	1.26	100.49
	3	41.70	0.49	11.33	20.75	0.19	7.01	17.40	0.48	0.16	0.46	99.96
	4	36.93	0.66	9.19	25.63	0.27	6.84	18.85	0.24	0.09	1.76	100.45
	均值	38.72	0.59	9.96	23.68	0.29	7.30	17.88	0.37	0.12	1.11	100.03
JS1212-1	1	45.35	1.14	16.87	6.25	0.16	6.22	22.45	1.03	0.20	0.81	100.47
	2	45.76	1.41	14.52	7.40	0.16	6.67	22.28	0.85	0.18	0.97	100.19
	3	46.02	1.29	15.69	6.95	0.14	7.50	21.32	0.92	0.19	0.64	100.66
	均值	45.71	1.28	15.69	6.87	0.15	6.80	22.02	0.93	0.19	0.81	100.44

表 4-2（续）

包裹体	点次	SiO₂	TiO₂	Al₂O₃	FeOₜ	MnO	MgO	CaO	Na₂O	K₂O	P₂O₅	合计
JS1212-3	1	32.10	0.06	19.07	27.38	0.20	18.66	1.36	0.90	0.95	0.03	100.71
	2	32.45	0.07	19.15	26.51	0.19	19.78	1.53	0.84	0.94	0.05	101.51
	3	31.81	0.06	19.96	25.32	0.18	18.94	1.47	1.06	1.34	0.03	100.17
	均值	32.12	0.06	19.39	26.40	0.19	19.13	1.45	0.94	1.08	0.04	100.80
JS1212-4	1	42.54	0.88	17.29	12.88	0.16	3.65	14.85	3.10	0.07	3.91	99.34
	2	45.48	0.77	17.94	10.68	0.13	2.86	12.82	4.06	0.10	3.37	98.21
	3	43.07	0.83	16.21	12.98	0.15	3.91	13.93	3.99	0.13	4.12	99.32
	4	41.93	0.45	23.33	8.14	0.10	2.27	16.36	2.53	0.07	2.66	97.84
	均值	43.25	0.73	18.69	11.17	0.13	3.17	14.49	3.42	0.09	3.52	98.68
JS1212-5	1	42.78	1.04	17.65	9.97	0.15	9.25	15.97	1.13	0.41	1.38	99.74
	2	41.17	2.05	13.58	12.34	0.20	9.58	17.96	1.09	0.59	1.85	100.42
	均值	41.97	1.54	15.61	11.16	0.18	9.42	16.97	1.11	0.50	1.62	100.08
JS1212-6	1	32.47	0.06	19.40	20.67	0.17	14.95	12.55	0.12	0.05	1.28	101.72
	2	33.68	0.05	22.81	17.14	0.14	12.71	13.08	0.12	0.04	0.96	100.73
	3	32.50	0.07	17.73	22.42	0.23	17.90	10.55	0.10	0.04	0.94	102.48
	4	28.11	0.03	25.47	19.87	0.19	14.83	10.86	0.12	0.06	0.94	100.48
	均值	31.69	0.05	21.35	20.02	0.18	15.10	11.76	0.12	0.05	1.03	101.35
JS1212-7	1	45.08	0.42	17.11	10.36	0.17	10.10	13.66	2.17	0.67	1.53	101.27
	2	44.53	0.59	11.28	10.11	0.19	15.88	14.77	1.37	0.34	1.12	100.18
	3	48.23	1.02	11.00	6.95	0.12	10.62	21.26	1.11	0.15	0.13	100.59
	4	42.72	0.38	18.28	8.32	0.18	11.59	12.78	2.25	0.90	2.07	99.47
	均值	45.14	0.60	14.42	8.93	0.16	12.05	15.62	1.73	0.51	1.21	100.38
JS1212-8	1	51.71	0.82	16.06	7.97	0.12	7.14	12.47	2.34	0.87	0.41	99.90
	2	50.06	0.53	15.07	9.01	0.15	7.11	12.94	2.43	0.68	0.43	98.39
	3	52.56	0.67	17.37	6.16	0.13	5.02	11.86	3.91	1.19	0.36	99.21
	4	50.78	0.56	17.32	6.47	0.15	7.13	12.64	2.53	0.56	0.91	99.05
	均值	51.28	0.65	16.45	7.40	0.14	6.60	12.48	2.80	0.82	0.53	99.14
JS1212-9	1	42.98	0.85	13.40	9.71	0.17	18.54	7.36	2.38	2.55	1.95	99.88
	2	41.34	0.90	12.44	10.36	0.23	20.09	8.11	2.23	1.25	1.50	98.46
	3	42.54	0.84	12.36	9.29	0.22	22.58	6.39	2.88	2.01	1.56	100.67
	均值	42.28	0.86	12.73	9.79	0.21	20.40	7.29	2.50	1.94	1.67	99.67

表 4-2（续）

包裹体	点次	SiO$_2$	TiO$_2$	Al$_2$O$_3$	FeO$_t$	MnO	MgO	CaO	Na$_2$O	K$_2$O	P$_2$O$_5$	合计
JS1212-10	1	37.76	0.42	15.75	15.22	0.26	9.92	16.56	0.58	0.86	3.29	100.63
	2	36.12	0.95	13.56	15.85	0.28	8.39	18.64	0.88	0.82	4.00	99.48
	3	37.13	0.38	14.14	15.14	0.31	9.91	18.76	0.53	0.58	3.18	100.06
	4	35.26	0.93	12.67	16.77	0.37	9.13	19.45	0.83	0.47	4.26	100.14
	均值	36.57	0.67	14.03	15.74	0.31	9.34	18.35	0.70	0.68	3.68	100.08
JS1212-11	1	37.87	0.76	14.79	17.11	0.29	13.16	14.71	0.45	0.42	1.35	100.91
	2	38.21	0.61	16.94	14.47	0.24	12.45	16.34	0.64	0.38	1.41	101.68
	3	36.53	0.76	14.19	15.73	0.40	14.72	14.71	0.39	0.59	1.24	99.26
	4	38.49	0.74	13.05	17.07	0.29	12.25	16.23	0.68	1.08	1.95	101.83
	均值	37.77	0.72	14.74	16.09	0.31	13.14	15.50	0.54	0.62	1.49	100.92
JS1212-12	1	52.90	0.91	14.01	7.84	0.18	5.36	10.83	2.93	1.42	4.41	100.79
	2	50.96	1.06	13.40	9.20	0.23	5.81	11.09	4.21	1.22	3.44	100.61
	3	50.49	0.80	13.90	7.65	0.17	5.14	10.11	4.22	1.72	4.65	98.85
	4	52.77	0.72	13.98	7.58	0.14	5.06	10.04	3.01	1.80	4.40	99.50
	5	50.39	0.71	12.55	7.19	0.21	6.69	12.41	4.50	0.57	3.10	98.32
	均值	51.50	0.84	13.57	7.89	0.19	5.61	10.90	3.77	1.35	4.00	99.61
JS1212-15	1	39.46	0.59	12.35	17.32	0.32	15.03	12.26	0.47	0.12	0.06	97.98
	2	40.68	0.52	13.40	15.28	0.24	14.41	12.93	0.63	0.26	0.07	98.42
	3	38.57	0.45	11.24	18.42	0.36	16.85	10.23	0.35	0.14	0.12	96.73
	均值	39.57	0.52	12.33	17.01	0.31	15.43	11.81	0.48	0.17	0.08	97.71
JS1212-16	1	42.16	0.44	14.37	14.89	0.21	7.00	16.19	1.85	0.58	2.13	99.82
	2	42.06	0.43	16.12	16.22	0.15	6.45	15.72	1.78	0.37	0.77	100.07
	3	40.20	0.47	15.18	16.12	0.22	5.73	15.63	2.05	0.89	2.46	98.95
	均值	41.48	0.45	15.22	15.74	0.19	6.39	15.85	1.89	0.61	1.79	99.61
JS1208-1	1	31.93	0.11	5.77	33.87	0.86	17.93	9.93	0.09	0.04	1.25	101.77
	2	29.91	0.10	7.84	34.98	0.79	18.30	7.43	0.09	0.07	0.90	100.39
	3	33.15	0.00	5.50	32.02	0.82	21.91	6.97	0.06	0.04	0.78	101.25
	均值	31.66	0.07	6.37	33.62	0.82	19.38	8.11	0.08	0.05	0.98	101.14

表 4-2（续）

包裹体	点次	SiO₂	TiO₂	Al₂O₃	FeOₜ	MnO	MgO	CaO	Na₂O	K₂O	P₂O₅	合计
JS1208-3	1	36.71	0.11	13.85	25.51	1.09	12.00	10.43	0.25	0.10	1.58	101.61
	2	36.28	0.15	12.05	28.85	1.22	13.22	7.97	0.24	0.18	0.66	100.82
	均值	36.49	0.13	12.95	27.18	1.15	12.61	9.20	0.25	0.14	1.12	101.22
JS1208-4	1	23.27	1.08	14.48	31.79	0.59	4.60	18.09	0.18	0.03	3.46	97.56
	2	28.99	0.37	6.28	31.66	0.87	18.74	9.68	0.15	0.03	1.75	98.52
	均值	26.13	0.72	10.38	31.73	0.73	11.67	13.88	0.16	0.03	2.61	98.04
JS1208-5	1	32.48	1.07	11.34	22.26	0.39	7.91	22.20	0.11	0.02	1.88	99.65
	2	30.74	1.59	10.98	30.13	0.58	6.47	16.84	0.18	0.02	2.84	100.38
	3	26.21	1.28	13.69	32.35	0.46	5.87	17.63	0.03	0.03	2.08	99.70
	4	29.90	0.66	10.77	27.50	0.45	7.19	20.62	0.16	0.02	3.08	100.35
	均值	29.83	1.15	11.70	28.06	0.47	6.86	19.32	0.14	0.02	2.47	100.02
JS1208-7	1	18.31	0.30	26.76	38.63	0.26	3.98	9.92	0.23	0.08	2.68	101.15
	2	17.02	0.27	24.74	41.81	0.42	4.87	9.56	0.11	0.01	2.77	101.57
	均值	17.66	0.29	25.75	40.22	0.34	4.42	9.74	0.17	0.04	2.72	101.36
JS1208-8	1	22.22	0.24	17.55	32.44	0.47	5.43	17.16	0.19	0.04	2.88	98.62
	2	17.54	0.24	22.63	37.66	0.44	5.85	12.69	0.16	0.03	1.87	99.09
	均值	19.88	0.24	20.09	35.05	0.45	5.64	14.92	0.17	0.04	2.38	98.86
JS1202-1	1	38.04	2.82	14.15	14.65	0.32	10.11	20.03	0.20	0.02	0.19	100.53
	2	39.93	1.47	16.66	10.56	0.23	9.93	20.31	0.18	0.00	0.39	99.67
	3	39.39	1.88	14.07	12.10	0.30	10.73	19.99	0.23	0.01	0.28	98.98
	均值	39.12	2.06	14.96	12.44	0.28	10.26	20.11	0.20	0.01	0.29	99.72
JS1202-2	1	41.63	0.32	9.76	12.31	0.31	10.11	22.76	0.20	0.12	0.63	98.17
	2	38.66	0.32	12.15	16.30	0.39	8.63	20.19	0.10	0.13	0.69	97.57
	3	44.01	0.30	9.30	12.26	0.31	8.51	22.15	0.10	0.09	0.61	97.64
	均值	41.43	0.32	10.41	13.62	0.34	9.09	21.70	0.14	0.11	0.64	97.79
JS1202-3	1	31.21	0.25	22.40	16.36	0.36	11.80	11.99	0.51	0.12	3.95	98.94
	2	35.31	0.19	24.91	11.71	0.26	8.70	13.49	0.69	0.10	2.29	97.65
	3	34.45	0.21	24.15	12.04	0.29	10.13	13.30	0.65	0.15	3.45	98.82
	均值	33.66	0.22	23.82	13.37	0.30	10.21	12.93	0.62	0.12	3.23	98.47

表 4-2（续）

包裹体	点次	SiO$_2$	TiO$_2$	Al$_2$O$_3$	FeO$_t$	MnO	MgO	CaO	Na$_2$O	K$_2$O	P$_2$O$_5$	合计
JS1202-6	1	25.92	0.23	14.62	36.47	0.60	12.75	7.89	0.08	0.47	2.03	101.06
	2	29.09	0.21	22.30	28.48	0.42	7.21	11.69	0.10	0.40	1.77	101.66
	3	27.73	0.20	15.52	31.13	0.59	12.29	9.44	0.13	0.66	3.13	100.82
	均值	27.58	0.21	17.48	32.03	0.53	10.75	9.67	0.10	0.51	2.31	101.18
JS978-1	1	23.97	0.54	10.34	36.51	0.50	4.82	16.90	0.47	0.21	3.20	97.46
	2	32.74	0.29	8.58	24.06	0.54	4.99	21.25	0.56	0.18	3.90	97.09
	3	22.46	0.64	12.21	37.27	0.44	4.89	16.81	0.37	0.10	2.55	97.73
	4	33.49	0.22	8.13	22.11	0.58	4.55	21.73	0.63	0.26	4.29	95.99
	5	33.28	0.22	8.66	22.48	0.58	4.65	21.58	0.51	0.27	3.61	95.83
	6	34.96	0.26	8.99	21.31	0.51	5.52	21.03	0.52	0.23	2.92	96.25
	7	28.26	0.37	10.14	31.53	0.56	4.52	17.31	0.50	0.21	2.84	96.25
	8	32.80	0.18	8.19	22.63	0.58	4.56	21.88	0.64	0.24	4.52	96.23
	9	29.37	0.34	10.22	31.62	0.47	4.64	17.16	0.55	0.25	3.90	98.52
	均值	30.15	0.34	9.50	27.72	0.53	4.79	19.52	0.53	0.22	3.53	96.81
JS978-2	1	28.59	0.04	6.49	22.87	0.34	8.61	18.87	0.48	0.27	8.86	95.40
	2	28.55	0.07	6.45	31.40	0.39	11.76	13.68	0.37	0.27	5.61	98.54
	3	33.22	0.04	3.21	33.69	0.52	14.80	9.81	0.26	0.22	2.15	97.92
	4	30.35	0.05	9.05	23.52	0.32	9.72	17.23	0.36	0.27	7.45	98.32
	均值	30.18	0.05	6.30	27.87	0.39	11.22	14.90	0.37	0.26	6.01	97.55
JS978-3	1	30.15	0.26	13.15	28.32	0.43	5.99	17.03	0.19	0.07	1.02	96.61
	2	35.45	0.21	15.77	20.36	0.42	5.40	19.06	0.25	0.05	0.87	97.84
	3	28.95	0.24	12.48	29.99	0.50	5.86	16.62	0.20	0.03	1.31	96.19
	4	28.43	0.27	12.60	30.93	0.53	5.74	16.61	0.18	0.12	1.52	96.93
	5	28.92	0.31	14.81	33.43	0.34	6.29	15.78	0.16	0.00	0.16	100.20
	均值	30.38	0.26	13.76	28.61	0.44	5.86	17.02	0.20	0.06	0.98	97.55
JS978-4	1	37.79	0.22	16.31	16.34	0.48	12.97	13.33	0.32	0.08	1.04	98.88
	2	38.61	0.21	19.76	12.46	0.36	9.57	14.95	0.38	0.09	1.00	97.37
	3	39.34	0.16	21.33	12.29	0.43	10.86	14.58	0.35	0.11	1.00	100.45
	均值	38.58	0.19	19.13	13.70	0.42	11.13	14.29	0.35	0.09	1.01	98.90

表 4-2（续）

包裹体	点次	SiO$_2$	TiO$_2$	Al$_2$O$_3$	FeO$_t$	MnO	MgO	CaO	Na$_2$O	K$_2$O	P$_2$O$_5$	合计
JS978-5	1	18.66	0.42	16.89	43.35	0.38	4.08	11.01	0.28	0.10	1.75	96.91
	2	26.13	0.32	20.24	31.40	0.31	3.03	13.57	0.34	0.14	1.49	96.97
	3	25.32	0.28	19.15	32.15	0.35	3.21	13.95	0.37	0.13	1.82	96.73
	4	28.95	0.23	20.33	26.82	0.30	2.75	15.05	0.32	0.07	1.62	96.43
	5	19.83	0.36	18.28	39.73	0.38	3.57	11.53	0.32	0.13	1.76	95.89
	6	17.17	0.40	14.82	46.68	0.38	4.67	11.50	0.36	0.14	2.61	98.73
	均值	22.68	0.33	18.29	36.69	0.35	3.55	12.77	0.33	0.12	1.84	96.94
JS978-6	1	38.42	0.04	22.22	14.87	0.32	7.93	14.12	0.44	0.02	0.64	99.02
	2	36.28	0.17	19.85	17.83	0.48	9.84	12.24	0.25	0.18	0.49	97.61
	3	38.80	0.04	20.06	16.04	0.36	9.53	14.32	0.32	0.06	0.99	100.52
	均值	37.83	0.08	20.71	16.25	0.39	9.10	13.56	0.34	0.09	0.71	99.05
JS978-7	1	36.83	0.21	14.31	15.67	0.27	9.18	19.26	0.09	0.01	0.11	95.94
	2	33.94	0.17	15.77	19.25	0.30	8.73	19.06	0.10	0.00	0.16	97.50
	3	35.29	0.20	16.64	16.12	0.25	7.83	20.06	0.03	0.01	0.15	96.58
	4	39.07	0.08	10.72	15.90	0.27	9.16	22.29	0.11	0.02	0.81	98.43
	5	38.49	0.11	18.45	11.63	0.15	6.61	22.25	0.13	0.01	0.12	97.95
	均值	36.73	0.15	15.18	15.71	0.25	8.30	20.59	0.09	0.01	0.27	97.28
JS978-8	1	28.45	0.13	8.27	35.95	0.49	14.20	9.16	0.22	0.13	1.46	98.45
	2	27.79	0.09	8.01	38.16	0.50	15.41	7.01	0.22	0.09	1.09	98.36
	3	30.71	0.11	9.39	29.38	0.39	6.84	16.99	0.40	0.13	2.76	97.09
	4	30.47	0.04	4.69	36.60	0.60	18.08	6.66	0.14	0.00	0.95	98.23
	5	33.18	0.03	2.23	34.91	0.63	20.34	5.90	0.09	0.05	0.94	98.30
	6	36.06	0.03	11.08	26.48	0.48	15.09	9.38	0.17	0.08	0.94	99.78
	7	32.30	0.09	5.51	35.75	0.49	16.76	7.79	0.20	0.07	1.54	100.50
	8	34.06	0.03	4.91	33.62	0.48	17.28	7.53	0.19	0.07	1.37	99.54
	均值	31.63	0.07	6.76	33.86	0.51	15.50	8.80	0.20	0.08	1.38	98.78
JS978-10	1	36.45	0.10	18.44	20.66	0.47	10.62	12.06	0.29	0.09	0.74	99.90
	2	35.09	0.08	14.33	24.36	0.55	13.43	10.51	0.27	0.10	0.97	99.67
	3	31.36	0.12	15.82	26.19	0.50	11.90	11.88	0.32	0.14	1.33	99.56
	均值	34.30	0.10	16.20	23.74	0.50	11.98	11.48	0.29	0.11	1.01	99.71

表 4-2(续)

包裹体	点次	SiO₂	TiO₂	Al₂O₃	FeO_t	MnO	MgO	CaO	Na₂O	K₂O	P₂O₅	合计
JS978-11	1	31.03	0.39	8.57	25.20	0.61	13.02	16.81	0.20	0.08	1.12	97.01
	2	30.96	0.31	16.41	26.23	0.39	5.39	14.81	0.31	0.20	1.46	96.47
	3	34.65	0.21	19.43	20.65	0.32	5.08	15.15	0.36	0.14	1.10	97.09
	4	36.85	0.10	26.69	21.72	0.11	1.36	11.47	0.43	0.11	0.96	99.80
	5	34.80	0.12	3.49	33.65	0.71	16.93	9.29	0.23	0.11	1.42	100.75
	均值	33.66	0.23	14.92	25.49	0.43	8.35	13.51	0.31	0.13	1.21	98.22
JS978-13	1	17.60	0.41	12.83	45.21	0.62	12.82	6.27	0.07	0.03	0.62	96.48
	2	20.40	0.28	12.37	46.70	0.55	13.69	3.90	0.06	0.01	1.49	99.45
	3	23.54	0.40	11.06	40.15	0.76	17.02	2.98	0.15	0.02	0.51	96.59
	均值	20.51	0.36	12.09	44.02	0.64	14.51	4.38	0.09	0.02	0.87	97.51
JS980-1	1	32.30	0.00	16.54	19.35	0.46	22.32	5.93	0.33	0.09	0.61	97.93
	2	31.64	0.04	19.59	16.67	0.45	20.99	6.85	0.22	0.19	0.61	97.24
	3	34.91	0.01	13.67	17.41	0.45	20.42	8.74	0.46	0.19	2.02	98.28
	4	36.32	0.00	18.43	17.07	0.24	11.97	11.96	0.60	0.28	1.72	98.59
	均值	33.79	0.01	17.06	17.63	0.40	18.92	8.37	0.40	0.19	1.24	98.01
JS980-2	1	48.29	1.45	18.98	5.90	0.18	3.37	13.88	4.26	0.43	2.48	99.23
	2	46.29	2.11	14.41	8.44	0.23	4.72	14.45	4.41	0.61	3.53	99.18
	3	46.96	1.73	17.45	6.46	0.17	3.79	14.14	3.86	0.52	2.75	97.82
	4	48.60	1.33	19.80	4.86	0.15	2.94	14.03	4.06	0.33	2.15	98.26
	5	47.24	1.27	19.31	5.52	0.12	2.69	14.61	4.28	0.44	2.61	98.09
	均值	47.47	1.58	17.99	6.24	0.17	3.50	14.22	4.17	0.47	2.71	98.52
JS980-3	1	27.29	0.12	18.58	21.39	0.56	18.48	9.69	0.33	0.42	1.78	98.63
	2	32.11	0.12	11.40	21.38	0.55	21.39	10.50	0.39	0.43	2.11	100.38
	均值	29.70	0.12	14.99	21.38	0.55	19.93	10.09	0.36	0.42	1.95	99.50
JS980-4	1	42.69	0.44	10.73	10.07	0.19	15.73	16.52	0.58	0.13	0.79	97.87
	2	43.86	0.58	12.56	8.29	0.16	13.56	17.71	0.48	0.15	0.15	97.45
	3	43.03	0.49	13.34	9.33	0.15	13.86	16.47	0.59	0.15	0.16	97.57
	4	43.90	0.29	12.25	8.49	0.15	13.89	18.59	0.50	0.11	0.49	98.66
	5	43.70	0.57	14.07	6.51	0.11	10.65	22.38	0.45	0.09	0.79	99.32
	6	42.41	0.55	15.24	9.57	0.13	11.95	19.61	0.57	0.23	0.24	100.50
	均值	43.26	0.49	13.03	8.71	0.15	13.27	18.55	0.53	0.14	0.44	98.56

表 4-2(续)

包裹体	点次	SiO₂	TiO₂	Al₂O₃	FeO_t	MnO	MgO	CaO	Na₂O	K₂O	P₂O₅	合计
JS980-6	1	45.29	1.28	14.15	7.88	0.20	10.73	16.60	2.29	0.22	0.96	99.59
	2	49.91	0.88	13.76	5.36	0.20	8.23	17.33	2.75	0.23	0.79	99.45
	3	47.34	0.98	18.80	5.50	0.16	6.75	16.44	2.63	0.16	0.74	99.50
	4	44.24	1.72	13.38	7.67	0.22	10.21	18.00	1.88	0.16	0.66	98.14
	均值	46.70	1.22	15.02	6.60	0.19	8.98	17.09	2.39	0.19	0.79	99.17
JS980-7	1	34.79	0.76	20.06	16.02	0.19	12.74	12.68	0.41	0.21	1.05	98.90
	2	37.43	0.62	20.72	14.01	0.24	11.21	13.33	0.40	0.13	0.85	98.94
	3	36.18	0.40	19.77	15.59	0.22	11.51	12.61	0.42	0.19	1.06	97.95
	4	34.29	0.69	19.39	15.19	0.40	14.34	11.84	0.30	0.20	1.62	98.26
	均值	35.67	0.62	19.99	15.20	0.26	12.45	12.61	0.38	0.18	1.15	98.51
JS980-10	1	29.11	1.90	20.84	20.23	1.06	20.19	3.91	0.21	1.09	1.33	99.87
	2	38.43	1.15	19.20	12.12	0.71	13.69	10.61	0.37	1.11	1.12	98.51
	3	32.08	1.75	15.66	18.35	1.05	20.64	5.84	0.29	1.26	1.44	98.37
	4	37.19	1.54	14.98	14.72	0.90	16.59	8.91	0.28	1.22	1.38	97.72
	5	32.05	1.33	11.17	17.68	1.05	24.36	6.70	0.17	1.34	1.67	97.52
	6	34.80	0.63	22.62	14.57	0.53	10.85	10.76	0.37	1.05	0.94	97.12
	7	27.50	2.71	19.93	17.63	0.93	17.62	6.57	0.35	2.00	2.53	97.77
	均值	33.02	1.57	17.77	16.47	0.89	17.71	7.61	0.29	1.30	1.49	98.13
JS980-11	1	38.43	0.79	12.17	11.88	0.32	12.50	18.20	0.25	0.09	0.18	94.81
	2	40.79	0.69	11.55	10.63	0.25	12.04	19.83	0.30	0.03	0.11	96.21
	3	42.18	0.72	11.98	10.97	0.24	13.07	19.83	0.34	0.06	0.11	99.50
	4	41.99	0.89	11.17	11.32	0.24	11.31	21.80	0.30	0.08	0.10	99.20
	5	41.91	0.71	10.29	10.73	0.21	10.04	22.94	0.32	0.02	0.08	97.25
	均值	41.06	0.76	11.43	11.11	0.25	11.79	20.52	0.30	0.05	0.11	97.39
JS980-12	1	42.90	0.50	7.33	10.03	0.27	20.29	14.16	0.85	0.27	2.81	99.42
	2	42.34	0.21	8.41	11.80	0.40	21.74	11.56	1.30	0.49	1.33	99.58
	3	41.28	0.29	5.38	13.50	0.48	23.37	12.34	0.67	0.35	1.00	98.66
	均值	42.17	0.33	7.04	11.78	0.39	21.80	12.69	0.94	0.37	1.71	99.22

表 4-2（续）

包裹体	点次	SiO$_2$	TiO$_2$	Al$_2$O$_3$	FeO$_t$	MnO	MgO	CaO	Na$_2$O	K$_2$O	P$_2$O$_5$	合计
JS980-13	1	38.36	0.20	12.22	17.76	0.49	17.99	9.11	0.43	0.57	0.99	98.12
	2	36.38	0.17	12.21	19.69	0.36	20.16	8.22	0.54	0.57	0.85	99.16
	3	37.82	0.10	10.79	18.75	0.63	24.90	6.57	0.12	0.18	0.40	100.26
	均值	37.52	0.16	11.74	18.73	0.49	21.02	7.97	0.36	0.44	0.75	99.18
JS981-2	1	32.95	0.13	14.55	20.11	0.19	19.95	7.25	0.39	0.15	0.68	96.35
	2	31.77	0.11	15.65	20.47	0.23	20.41	7.80	0.26	0.09	0.54	97.33
	3	33.31	0.09	13.85	20.60	0.17	21.32	8.15	0.13	0.07	0.53	98.22
	4	30.99	0.09	14.50	21.36	0.20	23.08	6.37	0.13	0.04	0.55	97.31
	均值	32.25	0.11	14.64	20.63	0.20	21.19	7.39	0.23	0.09	0.58	97.30
JS981-3	1	51.48	0.25	23.26	3.73	0.09	1.28	13.82	3.99	0.45	0.53	98.88
	2	54.81	0.07	25.64	1.17	0.00	0.28	10.97	5.72	0.14	0.21	99.01
	均值	53.14	0.16	24.45	2.45	0.04	0.78	12.39	4.85	0.29	0.37	98.94
JS981-4	1	37.06	0.40	10.22	16.12	0.54	12.43	17.04	0.63	0.86	2.88	98.19
	2	39.15	1.12	13.06	13.05	0.30	12.40	18.21	0.28	0.13	1.68	99.37
	3	38.33	0.52	11.63	13.83	0.36	10.16	18.73	0.72	1.03	3.53	98.84
	4	37.10	0.60	13.45	14.57	0.36	10.85	19.73	0.61	0.88	2.49	100.64
	均值	37.91	0.66	12.09	14.39	0.39	11.46	18.43	0.56	0.73	2.64	99.26
JS981-5	1	43.68	0.72	12.76	8.97	0.24	14.11	15.51	0.71	0.33	0.35	97.37
	2	43.65	1.14	11.24	9.37	0.17	10.11	22.12	0.53	0.15	0.26	98.74
	均值	43.66	0.93	12.00	9.17	0.21	12.11	18.82	0.62	0.24	0.30	98.05
JS981-5-1	1	44.11	0.30	20.45	5.16	0.08	5.05	21.83	0.55	0.10	0.16	97.79
JS981-6	1	36.38	1.66	11.95	16.32	0.35	8.70	20.57	0.25	0.11	1.01	97.30
	2	37.74	1.84	11.77	17.13	0.32	9.24	19.74	0.34	0.17	0.82	99.11
	3	41.80	1.80	9.34	14.13	0.26	9.85	22.18	0.26	0.01	0.13	99.76
	均值	38.64	1.77	11.02	15.86	0.31	9.26	20.83	0.28	0.10	0.65	98.72
JS981-7	1	39.52	1.16	13.10	11.55	0.28	9.33	20.23	0.70	0.55	1.59	97.99
	2	37.48	1.24	10.88	14.15	0.35	11.34	19.35	0.71	0.82	2.16	98.47
	3	39.66	1.60	10.09	12.73	0.29	14.21	18.22	0.38	0.20	0.43	97.81
	4	41.88	1.01	11.71	9.96	0.17	9.37	21.86	0.39	0.28	1.21	97.84
	5	39.45	0.84	13.03	10.78	0.26	8.45	20.51	0.61	0.75	2.04	96.72
	6	38.43	1.48	13.34	12.25	0.19	10.28	21.39	0.42	0.14	0.24	98.16
	均值	39.40	1.22	12.02	11.90	0.26	10.50	20.26	0.54	0.46	1.28	97.83

表 4-2(续)

包裹体	点次	SiO$_2$	TiO$_2$	Al$_2$O$_3$	FeO$_t$	MnO	MgO	CaO	Na$_2$O	K$_2$O	P$_2$O$_5$	合计
JS981-10	1	29.43	0.34	15.12	20.29	0.35	22.22	8.97	0.31	0.48	1.64	99.14
	2	29.96	0.60	12.87	20.78	0.43	21.42	9.42	0.30	0.40	1.68	97.83
	均值	29.69	0.47	13.99	20.53	0.39	21.82	9.19	0.30	0.44	1.66	98.49
JS981-11	1	43.18	0.92	14.08	11.92	0.29	11.61	14.13	1.57	0.54	0.25	98.48
	2	41.12	1.19	10.68	13.99	0.30	12.19	17.02	0.96	0.25	0.18	97.88
	3	42.16	0.91	14.02	12.88	0.27	11.54	14.27	1.34	0.29	0.33	98.01
	4	43.32	0.53	15.09	10.73	0.28	12.77	13.86	1.28	0.45	0.43	98.74
	5	41.40	0.87	13.03	15.49	0.25	12.59	14.47	1.22	0.33	0.19	99.84
	6	42.13	0.64	14.41	14.53	0.24	12.37	13.85	1.04	0.38	0.33	99.92
	7	42.21	0.44	16.83	11.05	0.18	10.34	12.50	1.57	0.65	0.50	96.27
	均值	42.22	0.79	14.02	12.94	0.26	11.91	14.30	1.28	0.41	0.32	98.45
JS981-12	1	26.94	0.26	13.82	33.30	0.31	14.80	6.63	0.47	0.26	1.57	98.36
	2	20.68	0.38	22.39	34.58	0.25	10.97	6.64	0.44	0.19	1.51	98.01
	3	24.40	0.35	17.33	34.14	0.30	13.11	7.22	0.37	0.32	1.95	99.48
	4	28.00	0.19	12.35	33.76	0.31	14.51	7.52	0.54	0.29	1.99	99.46
	5	19.21	0.48	22.43	35.34	0.23	8.05	7.49	0.40	0.31	2.15	96.09
	均值	23.85	0.33	17.66	34.23	0.28	12.29	7.10	0.44	0.27	1.83	98.28
JS981-13	1	38.51	2.00	12.91	12.03	0.26	11.53	20.29	0.24	0.04	0.20	98.03
	2	40.80	1.84	10.26	11.72	0.26	12.70	20.22	0.28	0.01	0.10	98.18
	3	41.29	2.01	10.60	11.11	0.24	10.82	21.46	0.30	0.00	0.07	97.90
	4	38.92	1.82	10.93	14.57	0.25	13.36	19.44	0.28	0.03	0.18	99.78
	5	41.97	1.64	10.39	9.41	0.17	10.74	23.78	0.23	0.00	0.10	98.43
	均值	40.30	1.86	11.02	11.77	0.24	11.83	21.04	0.27	0.02	0.13	98.46
JS981-14	1	41.91	1.03	11.06	11.10	0.30	11.14	21.67	0.33	0.01	0.11	98.64
	2	40.89	0.81	11.04	12.03	0.30	9.94	21.36	0.32	0.05	0.23	96.97
	均值	41.40	0.92	11.05	11.56	0.30	10.54	21.51	0.32	0.03	0.17	97.80
JS981-15	1	45.48	0.67	20.97	7.58	0.27	2.47	13.97	2.99	0.94	1.96	97.30
	2	44.36	0.31	16.89	12.26	0.28	12.31	10.62	2.35	0.25	0.13	99.76
	均值	44.92	0.49	18.93	9.92	0.28	7.39	12.29	2.67	0.60	1.04	98.53

表 4-2（续）

包裹体	点次	SiO₂	TiO₂	Al₂O₃	FeOt	MnO	MgO	CaO	Na₂O	K₂O	P₂O₅	合计
JS981-16	1	38.36	1.20	10.15	18.13	0.36	11.84	13.88	1.36	0.64	1.80	97.71
	2	36.74	1.36	8.02	22.84	0.31	10.72	14.78	1.57	0.64	1.90	98.88
	均值	37.55	1.28	9.08	20.48	0.33	11.28	14.33	1.46	0.64	1.85	98.30
JS983-2	1	39.34	0.33	18.78	16.56	0.35	9.98	12.09	0.44	0.07	0.23	98.16
	2	39.91	0.15	20.75	16.68	0.34	9.19	12.57	0.58	0.11	0.17	100.45
	3	38.61	0.09	17.85	17.62	0.39	12.45	11.21	0.52	0.05	0.16	98.95
	4	35.02	0.15	15.18	25.58	0.59	14.88	8.28	0.43	0.06	0.28	100.45
	均值	38.22	0.18	18.14	19.11	0.42	11.63	11.04	0.49	0.07	0.21	99.50
JS983-3	1	31.52	0.95	15.65	21.77	0.57	20.06	6.51	0.24	0.16	1.10	98.52
	2	35.44	0.66	20.86	17.50	0.33	11.82	9.64	0.45	0.15	0.90	97.75
	均值	33.48	0.80	18.25	19.64	0.45	15.94	8.07	0.35	0.16	1.00	98.13
JS983-4	1	38.68	2.02	14.16	12.21	0.24	13.14	17.30	0.44	0.01	0.18	98.38
	2	37.42	2.29	15.39	12.56	0.19	13.78	16.74	0.68	0.07	0.11	99.23
	3	38.90	1.64	12.02	14.46	0.36	15.27	15.74	0.39	0.05	0.10	98.93
	4	37.95	0.22	9.46	20.82	0.75	18.68	11.49	0.01	0.04	0.30	99.72
	均值	38.24	1.54	12.76	15.01	0.38	15.22	15.32	0.38	0.04	0.17	99.07
JS983-6	1	42.79	2.00	12.24	9.39	0.20	13.57	16.53	0.86	0.73	0.73	99.03
	2	42.31	2.51	9.28	10.13	0.17	14.56	19.31	0.55	0.17	0.33	99.34
	3	43.56	0.81	15.33	9.75	0.07	7.03	17.30	1.83	1.58	0.72	97.98
	4	46.14	0.61	11.66	7.34	0.24	10.24	21.00	0.57	0.01	0.05	97.86
	5	41.28	2.37	12.91	8.97	0.12	9.97	22.95	0.71	0.11	0.15	99.54
	均值	43.22	1.66	12.28	9.12	0.16	11.07	19.42	0.90	0.52	0.40	98.75
JS983-7	1	28.26	2.06	18.04	23.10	0.30	9.76	17.03	0.38	0.00	0.12	99.05
	2	26.70	0.60	22.39	22.17	0.53	7.85	16.34	0.15	0.04	2.17	98.94
	均值	27.48	1.33	20.22	22.64	0.42	8.81	16.69	0.27	0.02	1.15	99.00
JS983-8	1	39.19	0.75	14.99	12.73	0.20	12.87	16.92	0.52	0.09	0.12	98.38
	2	35.14	0.08	14.02	16.28	0.59	16.11	14.50	0.11	0.07	0.36	97.24
	3	39.55	0.17	14.93	15.91	0.25	13.48	13.63	1.02	0.00	0.03	98.97
	4	36.54	2.86	13.54	16.57	0.15	14.13	13.17	0.27	0.02	0.08	97.33
	5	34.58	0.12	16.23	17.87	0.51	16.73	11.72	0.06	0.11	0.34	98.27
	均值	37.00	0.80	14.74	15.87	0.34	14.66	13.99	0.40	0.06	0.19	98.04

表 4-2（续）

包裹体	点次	SiO_2	TiO_2	Al_2O_3	FeO_t	MnO	MgO	CaO	Na_2O	K_2O	P_2O_5	合计
JS983-9	1	33.17	0.10	20.25	22.22	0.34	16.42	4.99	0.91	0.11	0.04	98.55
	2	33.92	0.21	17.54	25.38	0.36	17.24	4.79	1.00	0.09	0.12	100.65
	均值	33.54	0.16	18.89	23.80	0.35	16.83	4.89	0.95	0.10	0.08	99.60
JS983-10	1	35.94	0.07	12.48	25.15	0.47	16.12	7.46	0.20	0.45	1.56	99.90
	2	30.87	0.08	6.87	29.00	0.49	18.89	8.65	0.14	0.39	3.13	98.51
	3	37.08	0.07	11.07	23.90	0.41	15.89	7.75	0.21	0.50	1.75	98.63
	均值	34.63	0.07	10.14	26.02	0.46	16.97	7.95	0.18	0.45	2.15	99.01
JS983-11	1	35.26	0.18	12.50	19.84	0.49	11.99	16.16	0.14	0.01	2.35	98.91
	2	39.05	0.12	10.77	15.21	0.15	9.18	24.96	0.10	0.03	0.67	100.24
	均值	37.16	0.15	11.64	17.52	0.32	10.59	20.56	0.12	0.02	1.51	99.58
JS983-12	1	27.91	0.01	17.97	22.88	0.55	17.38	10.71	0.11	0.10	1.03	98.63
	2	32.60	0.04	14.66	19.66	0.42	16.87	12.83	0.15	0.13	1.43	98.79
	均值	30.26	0.02	16.31	21.27	0.48	17.12	11.77	0.13	0.11	1.23	98.71
JS985-1	1	43.36	0.42	16.22	10.16	0.16	14.55	10.04	1.75	1.09	0.66	98.41
	2	40.53	0.96	19.22	15.49	0.16	10.85	8.68	1.82	1.26	0.30	99.27
	3	38.81	0.44	13.15	13.33	0.23	16.13	12.13	1.70	1.36	0.35	97.62
	4	43.85	0.57	13.34	11.50	0.17	14.43	9.52	1.58	1.72	2.06	98.74
	5	46.30	0.53	14.87	9.74	0.14	10.15	13.12	1.78	1.43	1.20	99.26
	均值	42.57	0.58	15.36	12.04	0.17	13.22	10.70	1.73	1.37	0.91	98.66
JS985-2	1	39.90	0.35	11.23	13.75	0.22	15.68	13.80	0.95	0.60	2.11	98.60
	2	35.73	0.34	18.52	14.18	0.15	11.79	13.38	1.03	0.55	1.74	97.40
	3	41.39	0.55	14.69	12.25	0.20	12.05	16.63	0.69	0.23	0.86	99.54
	均值	39.01	0.41	14.81	13.39	0.19	13.17	14.60	0.89	0.46	1.57	98.51
JS985-3	1	37.76	1.30	16.31	14.14	0.21	5.11	23.12	0.36	0.10	1.62	100.01
	2	39.34	1.09	19.89	10.90	0.16	3.94	22.17	0.32	0.06	1.42	99.28
	均值	38.55	1.19	18.10	12.52	0.18	4.53	22.64	0.34	0.08	1.52	99.64
JS985-4	1	38.83	0.78	18.40	11.50	0.26	9.54	18.33	0.34	0.03	0.24	98.25
	2	43.01	1.71	16.23	9.76	0.16	8.16	19.75	0.32	0.02	0.13	99.26
	3	40.25	0.40	20.90	8.39	0.13	8.80	18.37	0.47	0.07	0.57	98.36
	4	41.42	0.62	19.75	7.54	0.15	8.97	20.35	0.50	0.06	0.89	100.25
	5	43.12	1.77	14.06	8.47	0.15	10.06	21.39	0.34	0.03	0.12	99.51
	均值	41.33	1.06	17.87	9.13	0.17	9.11	19.64	0.39	0.04	0.39	99.12

表 4-2（续）

包裹体	点次	SiO₂	TiO₂	Al₂O₃	FeOₜ	MnO	MgO	CaO	Na₂O	K₂O	P₂O₅	合计
JS985-6	1	46.15	0.58	29.45	2.05	0.04	0.47	18.16	1.73	0.14	0.41	99.17
	2	50.93	0.92	22.70	2.85	0.08	2.62	15.61	3.35	0.21	0.19	99.47
	3	45.80	1.40	27.53	2.15	0.05	1.32	19.43	1.42	0.12	0.21	99.43
	4	45.67	0.86	28.56	2.27	0.08	0.52	17.96	2.02	0.17	0.65	98.76
	5	45.94	0.40	32.19	1.16	0.02	0.51	18.85	1.36	0.15	0.08	100.66
	均值	46.90	0.83	28.09	2.10	0.05	1.09	18.00	1.98	0.16	0.31	99.50
JS985-7	1	32.07	0.07	25.27	17.21	0.39	12.90	11.77	0.24	0.03	0.83	100.79
	2	28.65	0.11	24.21	19.98	0.38	14.36	10.38	0.20	0.03	0.93	99.23
	3	34.44	0.11	27.31	13.14	0.29	9.66	13.85	0.20	0.06	0.80	99.86
	均值	31.72	0.10	25.60	16.78	0.35	12.31	12.00	0.21	0.04	0.85	99.96
JS985-8	1	42.98	0.45	16.97	11.24	0.16	11.57	15.51	0.94	0.07	0.30	100.18
	2	42.05	0.32	18.09	12.87	0.21	12.61	13.54	0.80	0.11	0.46	101.06
	3	42.68	0.48	15.01	11.42	0.18	12.35	16.45	0.74	0.08	0.21	99.60
	4	40.65	0.26	13.65	15.52	0.26	18.12	11.20	0.94	0.11	0.43	101.14
	均值	42.09	0.38	15.93	12.76	0.20	13.66	14.17	0.85	0.09	0.35	100.49
JS985-9	1	42.66	0.61	12.12	11.86	0.25	10.26	19.38	0.29	0.05	0.20	97.65
	2	39.50	0.79	10.28	10.66	0.21	13.93	20.39	0.20	0.11	0.18	96.26
	3	41.70	0.75	11.09	11.18	0.21	12.42	21.51	0.24	0.03	0.14	99.27
	均值	41.29	0.72	11.16	11.23	0.22	12.20	20.42	0.24	0.06	0.17	97.73
JS985-13	1	45.59	1.31	17.29	9.57	0.18	4.82	17.58	1.52	1.70	0.81	100.37
	2	49.59	1.46	18.36	8.25	0.20	3.68	13.15	2.36	2.61	0.10	99.75
	3	46.43	1.22	15.22	9.13	0.05	5.56	16.85	1.56	1.90	0.75	98.67
	4	52.98	1.01	16.91	7.91	0.04	2.23	12.40	2.64	2.70	0.14	98.96
	均值	48.65	1.25	16.95	8.72	0.12	4.07	14.99	2.02	2.23	0.45	99.44
JS985-14	1	41.45	0.36	14.62	14.22	0.26	13.17	12.13	1.66	0.62	1.61	100.08
	2	44.59	0.33	15.41	10.40	0.20	10.35	14.24	1.87	0.61	1.50	99.48
	3	43.84	0.44	13.24	12.93	0.29	12.22	14.10	1.91	0.69	1.26	100.92
	4	42.66	0.47	14.67	12.87	0.20	13.16	12.81	2.22	0.61	0.64	100.31
	5	43.24	0.60	13.43	10.99	0.19	9.86	15.41	2.62	0.86	2.01	99.23
	均值	43.15	0.44	14.27	12.28	0.23	11.75	13.74	2.06	0.68	1.40	100.00

表 4-2(续)

包裹体	点次	SiO_2	TiO_2	Al_2O_3	FeO_t	MnO	MgO	CaO	Na_2O	K_2O	P_2O_5	合计
JS985-15	1	36.87	1.11	19.28	17.38	0.10	13.61	10.23	0.50	0.80	0.48	100.36
JS985-16	1	38.58	1.43	11.49	12.76	0.22	8.71	26.91	0.43	0.06	0.14	100.72
	2	37.39	2.30	12.79	16.87	0.34	9.03	21.38	0.30	0.04	0.64	101.05
	3	38.78	2.07	11.73	14.78	0.24	9.02	23.36	0.37	0.04	0.27	100.65
	4	36.40	1.73	12.25	16.10	0.33	7.72	23.56	0.24	0.05	1.19	99.57
	均值	37.79	1.88	12.06	15.13	0.28	8.62	23.80	0.33	0.05	0.56	100.49
JS985-17	1	27.28	0.23	18.34	22.01	0.33	21.98	8.55	0.16	0.28	1.53	100.69
	2	30.30	0.08	15.39	21.16	0.35	25.28	6.70	0.05	0.18	0.72	100.21
	均值	28.79	0.15	16.87	21.58	0.34	23.63	7.63	0.10	0.23	1.13	100.45
JS987-3	1	29.80	0.02	14.73	17.32	0.33	23.83	11.26	0.12	0.08	2.43	99.92
	2	27.91	0.01	14.23	18.34	0.32	23.51	12.96	0.15	0.08	2.49	100.00
	3	30.56	0.02	13.48	17.50	0.34	24.36	10.53	0.24	0.05	2.17	99.25
	均值	29.42	0.02	14.15	17.72	0.33	23.90	11.58	0.17	0.07	2.36	99.72

注:未均一化的熔体包裹体用电子探针大束斑进行多次分析,束斑大小及分析次数据包裹体大小和形态而定。

二、交生体结构中矿物成分

本研究中,Type 1 型交生体中单斜辉石片晶 Mg♯ 值约为 78.8(表 4-3),斜长石片晶 An 值为 79～84,高于邻近的斜长石主晶(An 值为 59～60)(表 4-4);Type 2 型交生体结构中单斜辉石 Mg♯ 值为 78.4～81.3,比邻近的单斜辉石主晶(Mg♯ 值为 75.3～76.9)略高(表 4-3)。在这两种交生体结构中均共生有角闪石,根据 Putirka (2016)提出的角闪石温度计估算出这些交生体形成温度为 1 012～1 034 ℃(表 4-5)。

表 4-3　攀枝花岩体下部含矿辉长岩中单斜辉石电子探针成分 单位:wt. %

Spot No.	SiO$_2$	TiO$_2$	Al$_2$O$_3$	FeO$_t$	MnO	MgO	CaO	Na$_2$O	Cr$_2$O$_3$	合计	Mg#
单斜辉石主晶											
JS945-127	49.62	1.16	3.41	7.61	0.20	14.10	22.68	0.48	—	99.26	76.9
JS945-128	49.12	1.52	3.66	8.15	0.21	13.92	21.94	0.53	—	99.06	75.5
JS945-129	48.70	1.45	3.74	8.05	0.20	13.90	22.21	0.58	—	98.83	75.7
JS945-130	48.70	1.46	3.78	8.14	0.21	13.82	22.08	0.53	—	98.71	75.3
JS945-131	48.83	1.55	3.95	7.93	0.19	13.82	22.25	0.53	0.01	99.06	75.8
JS945-132	49.06	1.29	3.79	7.63	0.20	13.78	22.37	0.53	0.02	98.67	76.5
JS945-136	49.31	1.23	3.45	7.66	0.19	14.07	22.58	0.45	—	98.93	76.8
JS945-231	49.90	1.11	3.33	7.64	0.23	14.01	22.64	0.49	—	99.34	76.8
JS945-232	49.71	1.16	3.33	7.90	0.18	13.95	22.67	0.51	0.01	99.41	76.1
JS945-233	49.80	1.25	3.33	7.83	0.19	14.19	22.31	0.49	0.01	99.40	76.5
JS945-174	49.71	1.38	3.36	8.09	0.24	14.01	21.83	0.52	—	99.14	75.7
JS945-239	49.87	1.25	3.54	8.09	0.21	13.96	22.24	0.48	0.01	99.64	75.7
单斜辉石＋钛磁铁矿交生体中的单斜辉石											
JS945-143	49.95	1.25	3.44	6.43	0.16	14.41	24.10	0.32	—	100.06	80.1
JS945-144	49.84	1.61	3.25	6.60	0.16	14.78	23.38	0.36	0.02	99.98	80.1
JS945-145	49.06	1.57	3.47	6.65	0.14	14.84	22.97	0.35	—	99.05	80.1
JS945-228	49.65	0.98	3.40	6.15	0.10	14.88	24.08	0.33	0.08	99.63	81.3
JS945-237	49.61	1.20	3.92	7.10	0.10	14.33	24.02	0.35	0.01	100.63	78.4
斜长石＋单斜辉石交生体中的单斜辉石											
JS945-3	53.08	0.30	2.47	6.46	0.10	13.28	24.81	0.27	—	100.80	78.7

注:"—"指示低于检出限;Mg#值为100×molar Mg/(Mg＋Fe)。

表 4-4 攀枝花岩体下部含矿辉长岩中斜长石电子探针成分 单位：wt. %

Spot No.	SiO_2	TiO_2	Al_2O_3	FeO_t	MnO	MgO	CaO	Na_2O	K_2O	合计	An
斜长石主晶											
JS945-1	53.93	0.04	29.35	0.32	—	0.02	12.00	4.47	0.13	100.25	59.3
JS945-2	53.38	0.05	29.43	0.33	—	0.01	12.10	4.38	0.10	99.79	60.1
JS945-3	53.79	0.05	29.53	0.42	—	0.02	12.19	4.49	0.12	100.61	59.6
JS945-4	54.04	0.08	29.56	0.39	—	0.02	12.04	4.59	0.14	100.86	58.7
JS945-5	53.74	0.05	29.64	0.43	—	0.00	12.08	4.45	0.13	100.52	59.6
斜长石＋单斜辉石交生体中的斜长石											
JS945-6	48.16	—	33.37	0.75	—	0.22	16.23	1.76	0.02	100.49	83.5
JS945-7	49.16	0.02	30.81	1.28	—	1.07	16.01	2.04	0.04	100.42	81.1
JS945-8	47.98	0.01	32.35	1.09	—	0.64	16.34	1.83	0.03	100.27	83.0
JS945-9	48.44	—	33.21	0.45	0.01	0.04	16.02	1.95	0.04	100.13	81.8
JS945-10	49.13	0.02	32.78	0.43	0.01	0.05	15.54	2.29	0.03	100.27	78.8
JS945-11	48.62	0.01	33.31	0.46	0.02	0.03	16.40	1.88	0.03	100.75	82.8
JS945-12	48.12	—	33.17	0.63	—	0.07	16.26	1.90	—	100.15	82.6

注："—"指示低于检出限；An 值为 $100 \times$ molar Ca/(Ca＋Na)。

表 4-5 后成合晶中角闪石基片的成分及形成温度 单位：wt. %

Spot No.	SiO_2	TiO_2	Al_2O_3	FeO_t	MnO	MgO	CaO	Na_2O	K_2O	合计	$T^* / ℃$
与替代交生体单斜辉石＋钛磁铁矿共生的角闪石											
JS945-67	41.15	3.92	12.33	11.13	0.11	13.51	12.09	3.20	0.70	98.14	1 024
JS945-68	41.36	3.86	12.58	10.73	0.10	13.63	12.26	3.02	0.72	98.27	1 021
JS945-69	40.88	3.73	12.46	10.27	0.09	13.80	12.20	3.24	0.79	97.45	1 032
JS945-70	41.01	3.91	12.39	10.94	0.10	13.65	12.20	3.18	0.70	98.10	1 028
JS945-71	41.10	3.97	12.42	10.61	0.09	13.49	12.22	3.19	0.84	97.94	1 029
JS945-88	41.22	2.13	14.41	8.28	0.09	14.84	12.75	3.04	0.44	97.26	1 025
JS945-89	39.42	1.83	15.55	9.85	0.07	14.92	11.66	2.82	0.39	96.51	1 026
JS945-90	40.34	2.01	14.80	9.51	0.06	14.86	12.86	3.04	0.39	97.85	1 029
JS945-91	40.07	2.09	14.36	9.71	0.12	14.50	12.98	2.57	0.67	97.07	1 012

表 4-5（续）

Spot No.	SiO$_2$	TiO$_2$	Al$_2$O$_3$	FeO$_t$	MnO	MgO	CaO	Na$_2$O	K$_2$O	合计	T^*/℃
JS945-101	40.58	2.24	14.92	9.04	0.05	14.47	12.59	2.78	0.71	97.38	1 034
JS945-102	40.03	2.00	15.22	8.66	0.08	14.43	12.57	2.90	0.69	96.58	1 023
JS945-103	41.26	1.89	14.96	7.96	0.10	14.85	12.74	3.03	0.60	97.40	1 031
与替代交生体斜长石＋单斜辉石共生的角闪石											
JS945-180	40.82	2.98	13.56	9.59	0.09	14.20	12.39	3.04	0.90	97.60	1 028
JS945-181	40.05	1.89	15.97	9.15	0.08	14.08	12.02	3.05	0.79	97.09	1 033
JS945-182	40.98	2.03	14.48	9.23	0.05	14.33	12.48	3.22	0.88	97.68	1 024
JS945-204	41.07	2.02	14.64	9.36	0.08	14.12	12.16	3.11	0.89	97.45	1 017
JS945-205	40.67	2.27	14.56	8.68	0.07	14.50	12.53	3.07	0.95	97.29	1 031

注：后成合晶结构的形成温度（T^*）根据后成合晶中角闪石成分进行估算。温度估算方法据Putirka（2016）文章中角闪石温度计：T（℃）$= 1\ 781 - 132.74 \times \mathrm{Si^{Amp}} + 116.6 \times \mathrm{Ti^{Amp}} - 69.41 \times \mathrm{Fe^{Amp}} + 101.62 \times \mathrm{Na^{Amp}}$。其中，$\mathrm{Si^{Amp}}$、$\mathrm{Ti^{Amp}}$和$\mathrm{Na^{Amp}}$是以23个氧原子为基础计算的角闪石中对应元素的离子数；$\mathrm{Fe_t^{Amp}}$是按FeO计算的全铁离子数。

第四节　讨　论

一、晶粥中高温岩浆不混溶

攀枝花岩体中的 Type 1 型交生体（富 Ca 斜长石＋单斜辉石）与前人报道的 Skaergaard 岩体和 Sept Iles 岩体中的 Type 1 型替代交生体类似（Holness et al.，2011；Namur et al.，2012）。这种 Type 1 型交生体形成于一个局部开放的化学体系，由晶粥中早期结晶出的斜长石主晶与不混溶的富 Fe 熔体发生反应而成（Holness et al.，2011）。在 Skaergaard 岩体中，Type 1 型交生体最早出现在 LZb，消失于 UZa 与 UZb 的分界处，被认为反映了不混溶作用发生后富 Si 熔体有效地从晶粥中排除（Holness et al.，2011）。富 Si 熔体的丢失导致残余粒间熔体整体成分上富

Fe、Ti、Ca，而贫 Si、Al、Na。由于 SiO_2 等组分活性的变化，残余粒间熔体变得具有反应性，与周围堆晶矿物不再平衡（Morse et al.，1980；Humphreys，2011；Holness et al.，2011）。攀枝花岩体下部富铁钛氧化物辉长岩中的反应交生体结构可能也形成于这种机制，即：晶粥中不混溶富 Si 熔体向上迁移，残留的富 Fe 熔体与堆晶的斜长石和单斜辉石发生反应而成。

根据 Putirka（2016）提出的角闪石温度计，可以估算出攀枝花岩体中这些交生体形成温度为 1 012～1 034 ℃（表 4-5）。考虑到角闪石结晶较晚以及可能的亚固相再平衡，这一温度代表了交生体形成的最低温度。攀枝花岩体 Type 1 型交生体附近的斜长石主晶 An 值约为 60，高于 Skaergaard 岩体中岩浆不混溶作用开始时的斜长石牌号（An_{54}）（Jakobsen et al.，2011）。已有研究估算 Skaergaard 岩体中岩浆不混溶起始温度约为 1 100 ℃（Veksler et al.，2007；Jakobsen et al.，2011）。考虑到攀枝花和 Skaergaard 这两个岩体的母岩浆成分具有一定相似性（Nielsen，2004；Zhou et al.，2005），攀枝花岩体中岩浆不混溶起始温度可能更高（＞1 100 ℃）。这一结论可以得到近年的岩石学实验结果支撑。例如，有实验就展示了与攀枝花岩体不混溶熔体成分相似的富 Fe 和富 Si 两相熔体在 1 150～1 200 ℃ 下可以平衡共存，保持截然不同的化学梯度（Hou et al.，2015）。

攀枝花岩体磷灰石中含有很多富 Fe 的熔体包裹体，其中不少包裹体的 FeO_t 含量超过 18 wt.%［图 4-8(a)］；橄榄石和斜长石中熔体包裹体也具有近似的成分（张艳，2014）。Bushveld 岩体磷灰石中 FeO_t 含量超过 18 wt.% 的熔体包裹体被认为不可能由简单的分离结晶作用形成，而是岩浆不混溶作用的产物（Fischer et al.，2016）。此外，攀西地区新街岩体和白马岩体斜长石中的富 Fe 熔体包裹体也被认为是由不混溶作用生成（Dong et al.，2013；张艳，2014）。考虑到攀枝花岩体母岩浆（近似于峨眉山高 Ti 玄武岩 EM-78）的 FeO_t 含量仅约为 14 wt.%（Xu et al.，2001；Pang et al.，2008b），攀枝花岩体磷灰石中的这些富 Fe 熔体包裹体可能也是不混溶作用的产物。

理论上，岩浆在刚进入不混溶域时生成的共轭富 Fe 熔体和富 Si 熔体成分较为接近,随着温度的降低,两相熔体间成分差距逐渐增大(Charlier et al.,2012;Fischer et al.,2016)。然而,不少岩石学实验表明,即使是不混溶作用初期生成的两相熔体也具有截然不同的成分差异(Dixon et al.,1979;Ryabov,1989;Veksler et al.,2007)。攀枝花岩体磷灰石中熔体包裹体 SiO_2 和 FeO_t 含量连续变化的趋势表明,磷灰石可能捕获了不同比例的不混溶富 Fe 和富 Si 熔体,并且这些熔体包裹体可能不是同一时刻被捕获,而是在一段温度范围内(Jakobsen et al.,2011;Fischer et al.,2016)。

二、共轭熔体的分离过程

玄武质岩浆发生不混溶作用可以生成高密度、低黏度的富 Fe 熔体和低密度、高黏度的富 Si 熔体珠滴(Holness et al.,2011)。如果不混溶熔体发生有效的物理分离,将对层状岩体的成岩成矿产生重要的影响(Philpotts,1982;Liu et al.,2014a;Van Tongeren et al.,2012)。两相熔体的分离能力与他们的黏度、密度、润湿性以及岩浆房中的对流和压实作用密切相关。

虽然岩浆中含有少量晶体时岩浆体系就会具有有限的屈服强度,呈现出宾汉塑性流体的流变学行为(Sparks et al.,1980)。但是,在玄武质岩浆体系中,晶粥中的粒间熔体从液相线到固相线始终具有牛顿流体的流变学特征(Chung et al.,2009)。理论上,只要富 Si 熔体珠滴不超过粒间孔隙尺寸的一半,在不考虑润湿效应的情况下,其在晶粥中的运移过程就将服从斯托克斯定律(Chung et al.,2009)。根据斯托克斯公式,不混溶富 Si 熔体珠滴在一个静态的富 Fe 熔体中的上浮过程可以近似表达为:

$$v = \frac{2g\Delta\rho\, r^2}{9\eta} \tag{4-1}$$

式中,r 是富 Si 珠滴的半径;$\Delta\rho$ 是富 Si 熔体和富 Fe 熔体间的密度差;g 是重力加速度,取 $9.8\ m/s^2$;η 是富 Fe 熔体的黏度。

如果 $\Delta\rho$、r、η 这些参数能得到合理的限定,那么不混溶富 Si 熔体的运移过程就可以得到近似的约束。

Veksler 等(2008)研究了 $K_2O\text{-}CaO\text{-}FeO\text{-}Al_2O_3\text{-}SiO_2$ 体系中共轭不

混溶熔体的密度差，发现根据初始成分的不同，两相熔体的密度差在 $0.35 \sim 0.8$ g/cm^3 之间。McBirney 等(1974)估算的 Skaergaard 岩体中不混溶熔体的密度差约为 0.4 g/cm^3，考虑到攀枝花岩体磷灰石中记录的不混溶熔体与 Skaergaard 岩体中不混溶熔体成分近似，我们假定攀枝花岩体磷灰石中不混溶熔体的密度也为 0.4 g/cm^3。

根据磷灰石中熔体包裹体的尺寸，我们假定富 Si 熔体珠滴的半径为 $2 \sim 50$ μm。由于磷灰石在捕获富 Si 熔体珠滴时，仅能捕获小于自身尺寸的岩浆珠滴，更大的富 Si 熔体珠滴不会被记录，因而这可以看作是对富 Si 熔体尺寸范围的保守估计。

富 Fe 熔体的黏度取决于其成分、水含量以及温度(Hui et al.，2007)。富 Fe 熔体的成分可以用磷灰石中记录的富 Fe 熔体包裹体的平均成分来代表，其水含量可以参考攀枝花母岩浆的水含量做一个简单的假定。据 Ganino 等(2008)的估算，攀枝花母岩浆的水含量为 $0.2 \sim 0.7$ wt.%。由于攀枝花母岩浆经过一定程度的演化之后才发生不混溶，水在岩浆演化早期类似于不相溶性元素，在不混溶作用触发时，岩浆中水含量会有一定程度的富集。假定富 Fe 熔体中的水含量为 0.5 wt.%(保守估计)，根据 Hui 等(2007)的熔体黏度计算方法，可以计算出富 Fe 熔体的黏度在 1 100 ℃时约为 90 Pa·s，在 1 000 ℃时约为 937 Pa·s。由于水含量越高，熔体的黏度越低，富 Fe 熔体的真实黏度可能比预估值还要低。

综合以上参数，富 Si 熔体珠滴的向上运移速度与富 Si 珠滴半径以及富 Fe 熔体黏度之间的关系如图 4-9(a)所示。根据估算的参数范围，富 Si 熔体珠滴向上运移的速度在 $1.2 \times 10^{-4} \sim 7.6 \times 10^{-1}$ m/a 之间。不混溶作用要对岩浆房过程产生重大的影响，还需两相熔体发生有效的分离。因而，接着需要探讨的问题是：富 Si 熔体珠滴能向上迁移多大的距离。

由于前面已经估算了富 Si 熔体珠滴运移的速度，因此只需要知道富 Si 熔体珠滴可以运移的时间，就可以知道其迁移距离。根据岩体底部斜长石巨晶的生长速度，攀枝花岩体被估算在约 8 000 年时间内就位，并在约 2 400 年内达到 50% 的分离结晶程度(Cheng et al.，2014)。我们假定富 Si 熔体珠滴在 2 400 年的时间内都是可以发生自由运移的，这个估算

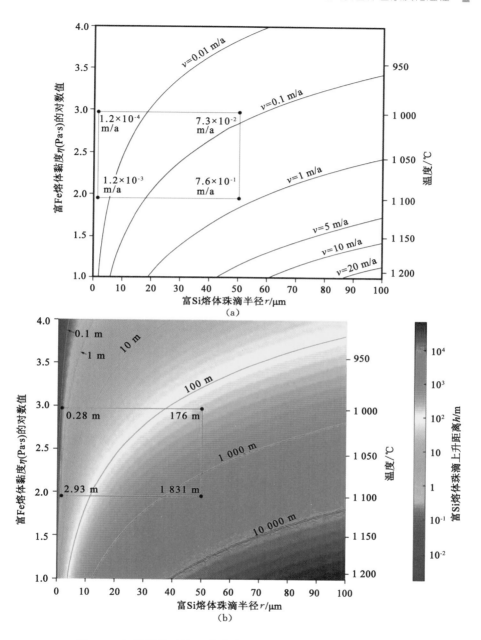

图 4-9 富 Si 熔体珠滴上升速度(a)和迁移距离(b)模拟示意图

虽然不一定准确,但是考虑到攀枝花岩体的结晶时间尺度以及不混溶作用的较早触发,其是完全在可能的范围之内的。在这个时间范围之内,随富 Si 熔体珠滴的半径以及富 Fe 熔体黏度不同,富 Si 熔体可以发生的迁移距离在 0.28～1 831 m 之间[图 4-9(b)]。攀枝花岩体下部带和中部带厚度仅约 900 m(Zhou et al.,2005),按这个估算,一些富 Si 熔体珠滴应该可以从岩浆房底部迁移至顶部。考虑到岩浆中还有悬浮晶体,这些晶体可能成为富 Si 熔体向上迁移过程中的障碍物,从而减缓富 Si 熔体的运移。不过,由于不混溶两相熔体具有不同的润湿特性,富 Fe 熔体倾向于润湿密度较大的单斜辉石和铁钛氧化物,富 Si 熔体倾向于润湿密度较小的斜长石,不混溶熔体与悬浮晶体间的这种润湿差异性会使得两相溶熔体产生更大的密度差,从而进一步促进两相溶熔体分离。此外,晶粥中的静岩压力与静水压力的不平衡将会引起岩浆房中的对流与压实作用,这将更进一步促进两相不混溶熔体的分离(Sparks et al.,1985;王坤 等,2017)。也就是说,富 Si 熔体可以在整个岩浆房尺度发生大规模迁移。在这种情形下,具有不同半径的富 Si 熔体珠滴将会在整个岩浆房的粒间熔体中任意分布。

三、攀枝花岩体岩浆房过程

如图 4-10 所示,本研究提出一个关于攀枝花岩体岩浆房演化与大型钒钛磁铁矿形成的新模型。攀枝花岩体母岩浆在注入岩浆房之后发生一段时间的分离结晶作用,此时岩浆房变为含有一定晶体的晶粥[图 4-10(a)]。随后,演化的粒间熔体发生不混溶作用,粒间熔体转变为由高密度、低黏度的富 Fe 熔体和低密度、高黏度的富 Si 熔体组成的乳状熔体体系,其中富 Fe 熔体占主导,富 Si 熔体呈珠滴状分布在富 Fe 熔体之中[图 4-10(b)]。由于不混溶熔体之间的密度差异、熔体润湿特性的不同以及岩浆房内部的对流,因此富 Si 熔体珠滴会从宿主富 Fe 熔体中有效分离并向上迁移[图 4-10(b)]。不混溶熔体的逐渐分离导致岩浆房下部相对富集富 Fe 熔体,上部相对富集富 Si 熔体[图 4-10(c)]。在这种情况下,大量的铁钛氧化物从下部富 Fe 熔体中结晶出来,形成了主要的铁钛氧化物矿层;而

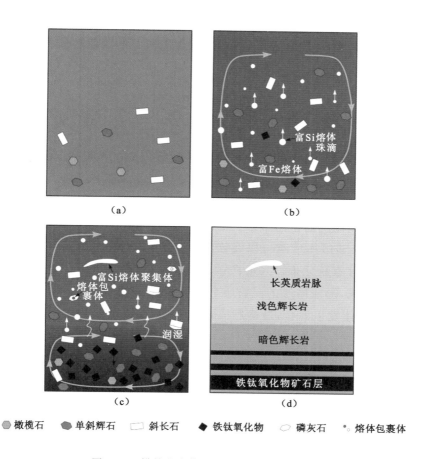

（a）　　　　　　　　　　　　（b）

（c）　　　　　　　　　　　　（d）

◇橄榄石　　●单斜辉石　　▢斜长石　　◆铁钛氧化物　　◯磷灰石　　·熔体包裹体

图 4-10　攀枝花岩体岩浆房演化过程示意图

一些不混溶富 Si 熔体可能已经聚集成大型富 Si 聚集体，在 MZb 中形成长英石脉状和透镜体[图 4-10(d)]。

　　在攀枝花岩体中，含磷灰石的浅色辉长岩层位于主要的铁钛氧化物矿石层之上，这可能反映了在高温的富 Fe 熔体中磷灰石并未达到饱和（Xing et al.，2014）。尽管在不混溶作用过程中，P 元素强烈富集于富 Fe 熔体中，但是磷灰石能否达到饱和除了受 CaO 和 P_2O_5 影响外，还很大程度上受熔体的 SiO_2 含量及温度控制（Tollari et al.，2006）。在攀枝花岩浆房中，铁钛氧化物在较高温度下从下部富 Fe 熔体层中结晶出来，使得

P 元素在残余、演化的富 Fe 熔体中富集,这种熔体与上部整体相对富 Si 的熔体发生混合,可能导致了岩体 MZb 含磷灰石的浅色辉长岩的形成。

第五节　本章小结

攀枝花岩体下部富矿辉长岩中的显微替代交生体结构和 MZb 磷灰石中含有的极富 Fe 熔体包裹体指示岩浆发生了不混溶作用。磷灰石中熔体包裹体成分的连续变化反映了这些包裹体是一定温度范围内的不混溶熔体被不同比例捕获的结果。据斯托克斯公式进行的模拟计算结果表明,不混溶富 Si 熔体珠滴可以在岩浆房中大尺度地向上迁移,引起岩浆房中化学组分重新分布。大量铁钛氧化物从岩浆房下部汇聚的富 Fe 熔体层结晶出来,形成厚层的矿石层。进一步演化的富 P 熔体与上部相对较富 Si 的熔体发生混合,最终形成岩体 MZb 含磷灰石的浅色辉长岩层。

第五章 太和层状岩体岩浆演化过程

第一节 野外地质特征

太和含钒钛磁铁矿层状岩体位于四川省西昌市西部约 12 km 的位置[图 5-1(a)]。岩体厚约 1.4 km,倾向南东,倾角 50°～60°,地表出露范围长约 3 km、宽约 2 km,向南东地下延伸超过 3 km[图 5-1(b)](Hou et al.,2012;She et al.,2014,2015)。锆石 U-Pb 年龄指示岩体形成于(259±3) Ma(She et al.,2014)。太和岩体经历了长期的钒钛磁铁矿采矿活动,目前采矿作业依然在进行,人类活动将岩体各岩性层完好地暴露了出来[图 5-2(a)]。岩体层理发育良好,主要表现为贫矿辉长岩与富矿辉长岩的互层、矿石层与辉长岩互层、矿石中斜长石的定向排列等多种形式[图 5-2(b)]。岩体中发育有三组断裂,分别为南北向、北西-南东向和北东-南西向,这些断裂将矿体和岩层局部地错断。岩体中发育不同尺度的花岗岩脉,有厘米-分米级宽度的小规模脉体,穿插辉长岩和矿石;也有宽达 5 m、长达 200 m 的大型岩脉,切穿多个岩性层。此外,岩体中还可以见到辉绿岩脉,宽度常为 0.5～10 m,部分地段可达 30 m,长度最长可达 800 m(魏宇 等,2012)。

太和辉长质层状岩体东部被第四系沉积物覆盖,岩体展布情况及围岩接触关系不详,但是北部、西部和南部均与过碱性 A 型花岗岩接触。过碱性 A 型花岗岩体呈近南北向展布的不规则扁豆状,长约 15 km,宽 1.5～4 km(钟宏 等,2009)。据钻孔资料揭露,在辉长质层状岩体之下依然是过碱性花岗岩(She et al.,2014),花岗岩体可能在三维空间上将整个

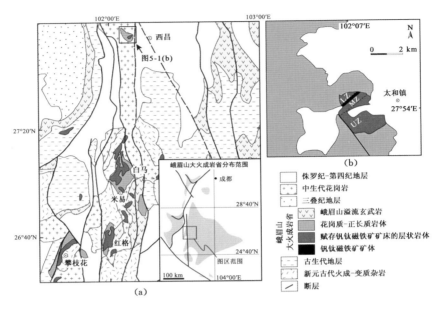

图 5-1 攀西地区地质简图(a)和太和辉长质-花岗质杂岩体地质简图(b)

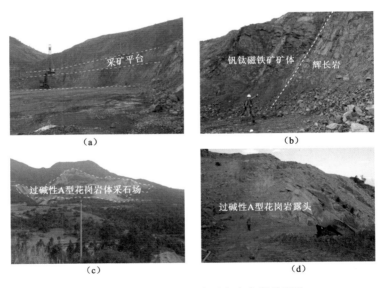

图 5-2 太和辉长质-花岗质杂岩体野外照片

（a）辉长质层状岩体中的钒钛磁铁矿体露天采矿场；（b）层状的钒钛磁铁矿矿体与辉长岩；

（c）毗邻辉长质层状岩体的过碱性 A 型花岗岩中的采石场；（d）过碱性 A 型花岗岩露头

层状岩体给包围了起来。在一些高地上，当地人建有花岗岩采石场[图5-2(c)和(d)]。花岗岩的锆石U-Pb年龄为(261±2)Ma(Xu et al., 2008)，与辉长质层状岩体年龄在误差范围内一致。

第二节 岩相学特征

一、层状岩体及花岗岩体的主要岩相

根据岩石结构构造特征、矿物组合、含量变化以及矿化程度，太和层状岩体可以划分为三个带：下部带(LZ)、中部带(MZ)和上部带(UZ)(李德惠 等,1981)。下部带主要由辉长岩、含橄辉长岩组成，局部有橄辉岩夹层。中部带是矿石的主要赋存部位，主要由铁钛氧化物矿石、含矿辉长岩和辉石岩组成[图5-3(a)和(b)]。上部带主要为含磷灰石辉长岩，并有含矿辉石岩夹层。这些岩石中不同矿物相，如单斜辉石、斜长石、铁钛氧化物、角闪石和磷灰石的含量变化很大，但单斜辉石和斜长石是最主要的造岩矿物[图5-4(a)和(b)]。单斜辉石通常自形程度好于斜长石，且单斜辉石较普遍性地沿着解理面出溶钛磁铁矿，表现出富铁钛的特征[图5-4(a)和(b)]。

与太和辉长质层状岩体毗邻的过碱性A型花岗岩为粗粒结构，由约65%的碱性长石、约25%的石英、<10%的角闪石以及少量副矿物(锆石、榍石、黑云母和萤石)组成[图5-4(c)]。碱性长石呈自形-半自形，长1~3 cm，发育条纹结构，钠长石呈树枝状、碎云状、不规则细脉状分布于钾长石之中。过碱性花岗岩中含有厘米-分米级的暗色包体，大多数包体为椭圆状[图5-3(c)]，少量为不规则状[图5-3(d)]。包体均呈细粒结构、颜色较暗，在野外很容易从宿主花岗岩中识别出来。它们的矿物组成主要为：60%~70%的碱性长石、5%~20%的石英、10%~25%的角闪石和少量的副矿物磷灰石[图5-4(d)]。包体中的碱性长石多为自形-半自形结构，长轴在100~500 μm之间，偶见厘米级的碱性长石晶体，与宿主花

— 65 —

图 5-3　太和辉长-花岗质杂岩体中不同岩石照片

（a）数厘米厚的条带状铁钛氧化物矿石和辉长岩互层；

（b）富铁钛氧化物辉长岩中斜长石定向分布条带；

（c）过碱性 A 型花岗岩中的椭圆状酸性暗色包体；

（d）过碱性 A 型花岗岩中不规则状的酸性暗色包体

岗岩中的碱性长石颗粒一致，可能是岩浆混合过程中从宿主花岗岩浆中卷进去的。

二、辉长岩磷灰石中熔体包裹体

磷灰石是太和层状岩体中部带和上部带的辉长质岩石中普遍存在的矿物。虽然各堆晶岩石中磷灰石含量差异较大，但是不同岩石中磷灰石具有相似的特征，均呈自形-半自形结构，长轴 $100\sim500\ \mu m$。磷灰石中含有颜色深浅不同的包裹体，这些包裹体呈椭圆状、圆状、负晶形状等形态，长度在 $10\sim100\ \mu m$ 之间，宽度在 $5\sim50\ \mu m$ 之间（图 5-5）。包裹体主

Pl—斜长石；Cpx—单斜辉石；Ap—磷灰石；Ox—铁钛氧化物；Amp—角闪石；

Kfs—碱性长石；Qtz—石英。

图 5-4　太和辉长质-花岗质杂岩体主要岩性的岩相学照片

（a）含磷灰石的富矿辉长岩，主要由堆晶的斜长石、单斜辉石、磷灰石和粒间铁钛氧化物组成，

正交偏光；（b）含磷灰石浅色辉长岩，堆晶矿物斜长石和单斜辉石在与粒间铁钛氧化物接触处

普遍发育角闪石反应边，正交偏光；（c）粗粒过碱性 A 型花岗岩，主要由石英、碱性长石和

角闪石组成，单偏光；（d）细粒酸性包体，主要由石英、碱性长石和角闪石组成，单偏光

要由角闪石、单斜辉石、斜长石（常为钠长石）、磁铁矿、钛铁矿、钾长石和黑云母中的若干相组成，偶尔亦可见绿泥石、硫化物等。尽管子矿物相的比例变化很大，但是在大多数包裹体中角闪石是一个主要的相态，在少量包裹体中也会缺失角闪石。

三、辉长岩和花岗岩中的角闪石

棕色角闪石在太和辉长岩中普遍存在。它们多以斜长石和单斜辉石

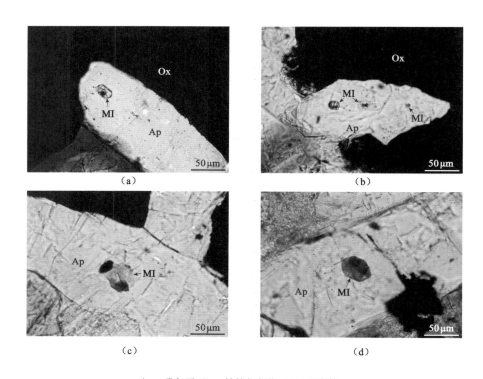

Ap—磷灰石；Ox—铁钛氧化物；MI—包裹体。

图 5-5　太和辉长质层状岩体磷灰石中熔体包裹体显微照片

（a）椭圆状浅色包裹体；（b）单个磷灰石中共存的暗色和浅色包裹体；

（c）多边形的包裹体，其中可以分辨出黑色、浅灰色和棕色三相；（d）近椭圆形的棕色包裹体

的反应边形式出现，特别是在斜长石和单斜辉石与铁钛氧化物接触的部位尤为发育［图 5-4(a)和(b)］。过碱性 A 型花岗岩中的角闪石多为半自形结构，充填于碱性长石和石英颗粒之间，占岩石中各矿物总量的比例小于 10%［图 5-4(c)］。花岗岩中的角闪石多色性很明显，在单偏光下颜色变化从绿色到蓝色再到紫褐色。在花岗岩的暗色包体中，角闪石为半自形-它形结构，充填于碱性长石和石英之间，占岩石各矿物总量的比例在 10%～25%之间［图 5-4(d)］。它们多呈蓝绿色或红棕色，粒径远小于宿主过碱性 A 型花岗岩中的角闪石。

第三节　分析结果

一、磷灰石中熔体包裹体均一化后特征

在经过加热和淬冷之后,磷灰石中结晶质的熔体包裹体一些转变为完全均一化的熔体并含有气泡[图 5-6(a)和(b)],一些则未能完全均一化且同时含有熔体相和晶体相(如磁铁矿、斜长石或单斜辉石等)[图 5-6(c)

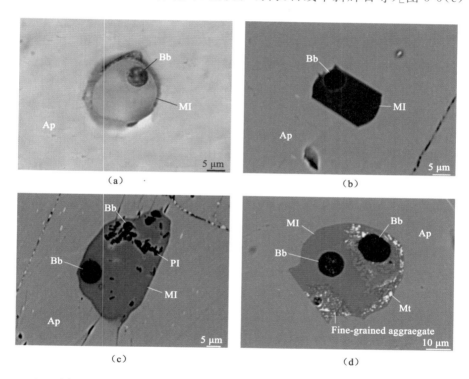

（a）　　　　　　　　　　　　　　（b）

（c）　　　　　　　　　　　　　　（d）

Ap—磷灰石;MI—熔体包裹体;Bb—气泡;Pl—斜长石;Fine-grained aggregate—细粒相。

图 5-6　经高温处理后的磷灰石中熔体包裹体光学显微照片和背散射照片

（a）近圆形的均一化熔体包裹体,含有气泡,单偏光;（b）近椭圆形的均一化熔体包裹体,含有气泡,背散射;（c）部分均一化的熔体包裹体,含有熔体玻璃相、气泡和斜长石残晶,背散射;（d）部分均一化的熔体包裹体,含有熔体玻璃相、气泡、磁铁矿和难以鉴别的细粒相,背散射

和(d)〕。未能完全均一化的熔体包裹体可能与其被捕获之后的一些成分改造过程有关。例如,残存的磁铁矿晶体可能是在熔体包裹体被捕获之后脱 H_2 的过程中二价铁被氧化所生成($3FeO + H_2O \longrightarrow Fe_3O_4 + H_2 \uparrow$),在这个过程中 H_2 会逃离包裹体而永久丢失(Danyushevsky et al.,2002)。此外,斜长石和单斜辉石残晶的存在还可能与包裹体的不均一捕获有关,也即熔体相和早期生成的斜长石或单斜辉石晶体一同被圈闭于宿主磷灰石之中(Kent,2008;Jakobsen et al.,2011)。因而,这些包裹体在重新加热的过程中很难被完全均一化。

二、磷灰石中熔体包裹体成分

一些包裹体体积过小或暴露出的熔体玻璃相面积很有限,在电子探针分析过程中,其成分很容易受宿主矿物或邻近的未熔矿物相影响。将之排除后,本研究中完全均一化包裹体和未完全均一化包裹体中熔体玻璃成分分别见表 5-1 和表 5-2。完全均一化熔体包裹体的 SiO_2 变化于 51.4~68.3 wt.% 之间,FeO_t 变化于 0.51~5.91 wt.% 之间。相比于完全均一化的包裹体,未完全均一化包裹体中的熔体玻璃成分大体上更富 Fe 而贫 Si,含有 32.3~58.9 wt.% 的 SiO_2 和 2.49~23.9 wt.% 的 FeO_t。考虑到熔体包裹体被捕获后,H_2 丢失导致磁铁矿结晶的不可逆性,一些含磁铁矿残晶的未完全均一化包裹体的熔体玻璃应比所测的值更富 Fe。但磁铁矿仅是一个很少见的残留相,总体上包裹体熔体玻璃成分受磁铁矿不可逆结晶的影响较小。此外,过高的加热温度有可能将宿主磷灰石和非均一捕获进去的矿物相熔化而改变熔体成分。但在本研究中,完全均一化的熔体包裹体成分测试结果显示,P_2O_5 含量最低低至 0.13 wt.%,这表明加热温度并不高。因此,即使包裹体中含有非均一捕获的矿物相,其也难以发生熔融而改变熔体玻璃成分。

综合以上分析可知,太和辉长岩磷灰石中记录的熔体包裹体成分变化范围如下:32.3~68.3 wt.% SiO_2、0.51~23.9 wt.% FeO_t、0~7.19 wt.% TiO_2、8.87~19.0 wt.% Al_2O_3、2.39~19.5 wt.% CaO、1.70~7.27 wt.% Na_2O、0.24~5.60 wt.% K_2O、0.13~6.83 wt.% P_2O_5。在

SiO_2 与 $FeO_t+TiO_2+P_2O_5$ 和 $Al_2O_3+Na_2O+K_2O$ 成分协变图解上,这些包裹体成分展现出连续变化的趋势,与攀枝花岩体、Sept Iles 岩体和 Bushveld 岩体磷灰石中熔体包裹体成分分布及变化趋势相近(图 5-7) (Charlier et al.,2011;Fischer et al.,2016;Wang et al.,2018)。

表 5-1　太和层状岩体磷灰石中均一化熔体包裹体成分　　单位:wt.%

点号	SiO_2	TiO_2	Al_2O_3	FeO_t	MnO	MgO	CaO	Na_2O	K_2O	P_2O_5	合计
TH1566-19	68.04	0.05	17.79	0.85	0.01	0.36	2.84	6.76	3.42	0.28	100.41
TH1567-10	62.31	0.04	16.28	2.53	0.05	1.19	6.61	4.01	3.72	0.98	97.71
TH1567-11	64.71	0.13	16.83	1.69	0.10	0.62	4.38	5.97	3.19	0.93	98.54
TH1567-13	67.96	0.00	16.97	0.51	0.03	0.13	2.39	5.78	5.60	0.13	99.51
TH1569-1	61.01	0.15	17.82	2.67	0.04	0.67	7.98	4.63	3.31	0.88	99.16
TH1569-9	51.35	0.27	15.75	5.00	0.07	4.27	10.24	4.16	3.82	3.34	98.38
TH1569-18	60.34	0.11	17.67	2.25	0.04	1.58	7.07	4.10	4.42	1.33	98.90
TH1569-24	59.68	0.28	17.15	2.23	0.13	1.49	6.91	7.08	3.23	1.28	99.44
TH1569-31	52.58	0.00	15.31	4.09	0.06	2.09	11.56	3.70	4.37	4.04	97.79
TH1569-34	58.80	0.05	16.50	4.67	0.06	1.16	7.19	4.98	4.24	1.59	99.25
TH1570-32	62.49	0.26	18.24	1.88	0.08	1.39	4.54	6.47	3.96	0.30	99.61
TH1570-47	66.56	0.00	17.78	1.13	0.00	0.46	3.28	6.57	3.96	0.35	100.08
TH1572-1	63.19	0.15	17.75	1.03	0.01	0.38	7.77	4.74	3.05	2.71	100.76
TH1572-3	64.42	0.18	17.19	1.58	0.06	0.98	5.94	7.02	3.19	0.43	100.97
TH1572-29	65.66	0.03	17.49	0.80	0.04	0.21	5.55	5.00	3.01	1.42	99.21
TH1572-46	68.26	0.00	17.25	0.92	0.03	0.50	2.67	7.27	4.19	0.15	101.23
TH1572-56	67.76	0.08	17.83	0.97	0.07	0.47	3.30	6.84	3.44	0.60	101.36
TH1572-68	66.48	0.18	18.44	1.17	0.03	0.39	3.60	6.21	2.81	0.41	99.71
TH1573-30	63.08	0.05	16.12	1.24	0.04	0.70	6.76	4.49	4.04	1.21	97.72
TH1573-31	64.67	0.03	13.18	1.33	0.04	0.82	7.67	3.86	3.87	2.54	98.01
TH1573-45	61.73	0.09	14.42	3.33	0.12	2.12	7.23	3.78	3.69	1.53	98.05
TH1586-2	61.35	0.03	16.98	2.55	0.09	2.15	6.89	3.53	3.56	1.45	98.58
TH1586-20	56.24	0.01	14.73	5.91	0.09	2.71	10.03	3.25	3.07	1.81	97.85
TH1586-28	63.00	0.13	17.59	1.84	0.05	1.22	6.87	6.19	2.63	1.22	100.73

表 5-1(续)

点号	SiO$_2$	TiO$_2$	Al$_2$O$_3$	FeO$_t$	MnO	MgO	CaO	Na$_2$O	K$_2$O	P$_2$O$_5$	合计
TH1589-9	56.87	0.98	17.50	4.25	0.10	2.50	7.60	5.80	2.18	1.97	99.74
TH1589-14	62.43	0.28	18.97	1.56	0.05	1.15	4.84	7.09	3.78	0.91	101.06
TH1589-31	56.75	0.28	16.92	2.73	0.06	3.57	6.96	7.01	2.66	2.48	99.41

表 5-2 太和层状岩体磷灰石中未均一化(仅发生部分均一化)包裹体中熔体玻璃成分

单位:wt.%

点号	SiO$_2$	TiO$_2$	Al$_2$O$_3$	FeO$_t$	MnO	MgO	CaO	Na$_2$O	K$_2$O	P$_2$O$_5$	合计
TH1566-6	40.47	0.41	15.23	12.23	0.21	5.04	14.38	3.19	3.95	4.12	99.23
TH1566-46	37.58	1.41	14.88	12.83	0.18	5.13	16.28	3.62	1.67	4.55	98.12
TH1566-49	33.37	0.20	8.87	23.85	0.21	3.31	19.50	1.70	0.61	5.32	96.95
TH1566-53	38.78	0.81	12.11	14.35	0.19	5.70	14.49	4.29	1.56	4.99	97.25
TH1567-29	58.88	1.32	18.68	2.49	0.09	1.74	6.37	5.60	2.54	1.44	99.16
TH1567-32	55.44	3.34	15.05	6.42	0.09	2.01	6.84	4.50	2.89	2.19	98.76
TH1569-6	36.56	3.52	12.29	10.86	0.26	6.53	14.59	3.79	1.92	6.83	97.15
TH1569-11	57.02	1.19	16.54	4.50	0.10	2.20	6.54	4.29	4.00	1.64	98.02
TH1570-9	53.35	0.43	15.14	8.10	0.17	4.35	7.27	4.95	1.32	2.87	97.95
TH1570-38	37.11	3.17	12.55	13.63	0.10	5.71	13.45	4.48	1.47	5.81	97.48
TH1570-42	41.03	1.77	14.46	10.11	0.23	5.31	11.89	4.88	2.43	4.38	96.46
TH1570-51	35.09	0.64	12.49	17.52	0.33	4.07	16.18	2.20	2.97	4.74	96.23
TH1572-7	34.96	3.08	10.16	18.24	0.23	6.04	15.19	3.71	0.33	5.90	97.84
TH1572-18	39.61	2.83	11.59	13.56	0.18	5.93	14.11	4.26	1.24	5.51	98.81
TH1572-73	38.96	1.44	15.21	10.77	0.18	6.19	15.21	2.71	3.69	3.61	97.97
TH1572-76	43.19	0.97	15.62	8.10	0.24	4.58	15.12	3.45	2.74	4.35	98.35
TH1573-12	43.77	7.19	10.19	13.24	0.21	2.79	13.24	3.78	0.26	3.87	98.55
TH1573-16	53.75	5.84	13.43	7.85	0.09	0.78	8.51	3.77	1.90	1.59	97.50
TH1573-28	33.62	1.79	12.14	13.89	0.28	5.81	19.23	2.62	2.20	6.74	98.30
TH1573-42	46.50	4.20	11.72	9.75	0.24	4.20	10.92	3.93	1.49	3.90	96.86
TH1586-13	36.88	4.24	10.31	15.37	0.19	5.29	12.95	4.97	0.24	6.22	96.67
TH1589-34	37.95	2.93	12.93	11.18	0.20	6.53	14.00	4.03	2.04	5.68	97.47
TH1589-52	32.33	2.89	9.10	21.35	0.25	5.06	18.03	2.54	0.27	6.23	98.03

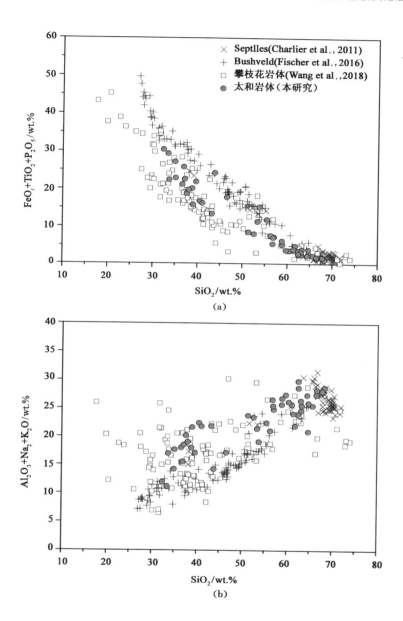

图 5-7　太和层状岩体磷灰石中熔体包裹体成分图解

（a）SiO_2 与 $FeO_t + TiO_2 + P_2O_5$ 关系；（b）SiO_2 与 $Al_2O_3 + Na_2O + K_2O$ 关系

三、不同岩石中角闪石成分

太和辉长岩、磷灰石中结晶质包裹体,过碱性 A 型花岗岩及其酸性暗色包体中的代表性角闪石成分见表 5-3。角闪石分子式和铁价态估算采用 Leake 等(2004)和 Esawi(2004)的方法,基于 23 个氧原子进行计算。磷灰石包裹体的子矿物角闪石含有 $1.21 \sim 3.13$ wt. ％的 Na_2O,$9.98 \sim 13.2$ wt. ％的 CaO 和 $35.6 \sim 47.6$ wt. ％的 SiO_2,该成分与辉长岩中的角闪石成分($1.50 \sim 3.58$ wt. ％Na_2O,$10.7 \sim 12.3$ wt. ％CaO,$35.9 \sim 43.8$ wt. ％SiO_2)相近,其包括韭闪石、铁韭闪石、铁阳起石和富铁钠闪石等种属,均为钙质角闪石。然而,过碱性 A 型花岗岩中的角闪石成分为 $5.65 \sim 11.9$ wt. ％的 Na_2O,$0.22 \sim 8.50$ wt. ％的 CaO 和 $49.3 \sim 51.6$ wt. ％的 SiO_2;其所含暗色包体的角闪石成分为 $4.60 \sim 12.5$ wt. ％的 Na_2O,$0 \sim 9.98$ wt. ％的 CaO 和 $48.5 \sim 52.2$ wt. ％的 SiO_2。这些角闪石均为钠质角闪石或钠钙质角闪石,但在花岗岩中主要为钠质角闪石,如铁铝钠闪石和钠闪石;而在暗色包体中主要为钠钙质角闪石,如低铁锰闪石。

表 5-3　太和层状岩体及邻近花岗岩体多种岩性/包裹体中

角闪石代表性主量元素成分　　　　　　　　单位:wt. ％

岩石类型	辉长岩										
样品	TH1565						TH1574				
点	1	2	3	4	5	6	1	2	3	4	5
SiO_2	39.8	40.0	40.8	40.7	40.7	40.3	42.9	42.7	42.7	38.9	41.6
TiO_2	4.29	4.53	4.55	4.53	3.82	4.02	2.73	2.63	2.69	1.91	1.86
Al_2O_3	12.1	12.7	11.9	12.3	12.7	12.5	10.2	10.1	10.2	12.9	11.3
MnO	0.12	0.12	0.17	0.15	0.14	0.14	0.29	0.27	0.27	0.23	0.22
FeO	11.8	10.3	10.3	10.2	9.94	10.6	15.9	15.0	15.2	20.8	16.5
MgO	13.9	13.8	13.5	13.5	14.0	13.4	11.5	11.8	11.7	7.69	11.2
CaO	10.9	12.1	11.7	12.0	12.3	12.3	11.4	11.4	11.4	11.8	11.8
Na_2O	2.72	2.65	2.75	2.79	2.67	2.64	2.80	2.94	2.48	2.28	2.46
K_2O	0.66	0.91	1.00	1.02	1.09	1.03	0.88	0.80	0.98	1.48	0.83
总计	96.3	97.2	96.7	97.3	97.4	97.0	98.6	97.7	97.7	97.9	97.8

表 5-3（续）

岩石类型	辉长岩									
样品	TH1565						TH1574				
点	1	2	3	4	5	6	1	2	3	4	5
基于 23 个氧原子的离子数											
Si	5.99	5.95	6.08	6.04	6.02	6.01	6.40	6.41	6.41	6.03	6.28
Ti	0.49	0.51	0.51	0.51	0.42	0.45	0.31	0.30	0.30	0.22	0.21
Al	2.14	2.23	2.09	2.15	2.22	2.20	1.80	1.79	1.80	2.35	2.02
Mn^{2+}	0.02	0.01	0.02	0.02	0.02	0.02	0.04	0.03	0.03	0.03	0.03
Fe^{2+}	1.49	1.29	1.28	1.27	1.23	1.32	1.99	1.89	1.91	2.70	2.08
Mg	3.12	3.05	3.00	2.99	3.09	2.99	2.55	2.64	2.63	1.78	2.52
Ca	1.76	1.93	1.87	1.91	1.95	1.97	1.82	1.83	1.83	1.97	1.90
Na	0.79	0.76	0.79	0.80	0.77	0.76	0.81	0.85	0.72	0.69	0.72
K	0.13	0.17	0.19	0.19	0.21	0.20	0.17	0.15	0.19	0.29	0.16
总计	15.9	15.9	15.9	15.9	15.9	15.9	15.9	15.9	15.8	16.1	15.9
基于标准角闪石分子式 $A_{0-1}B_2C_5T_8O_{22}(OH)_2$ 的离子位点											
Si-T	5.88	5.93	6.09	6.05	6.02	6.01	6.36	6.38	6.37	5.98	6.21
Al^{IV}-T	2.10	2.07	1.91	1.95	1.98	1.99	1.64	1.62	1.63	2.02	1.79
Ti-T	0.02	0.00	0.00	0.00	0.00	0.00	0.00	0.00	0.00	0.00	0.00
Al^{VI}-C	0.00	0.15	0.18	0.21	0.24	0.22	0.15	0.16	0.16	0.31	0.21
Ti-C	0.46	0.51	0.51	0.51	0.42	0.45	0.30	0.30	0.30	0.22	0.21
Fe^{3+}-C	0.81	0.12	0.00	0.00	0.02	0.00	0.29	0.22	0.33	0.40	0.52
Mg-C	3.07	3.04	3.00	3.00	3.08	2.99	2.53	2.63	2.61	1.76	2.49
Fe^{2+}-C	0.65	1.16	1.28	1.27	1.21	1.32	1.69	1.66	1.58	2.28	1.54
Mn^{2+}-C	0.02	0.01	0.02	0.02	0.02	0.02	0.04	0.03	0.03	0.03	0.03
Mg-B	0.00	0.00	0.00	0.00	0.00	0.00	0.00	0.00	0.00	0.00	0.00
Fe^{2+}-B	0.00	0.00	0.00	0.00	0.00	0.00	0.00	0.00	0.00	0.00	0.00
Mn^{2+}-B	0.00	0.00	0.00	0.00	0.00	0.00	0.00	0.00	0.00	0.00	0.00
Ca-B	1.73	1.92	1.87	1.91	1.95	1.97	1.81	1.82	1.82	1.95	1.88
Na-B	0.27	0.08	0.13	0.09	0.05	0.03	0.19	0.18	0.18	0.05	0.12
Na-A	0.51	0.69	0.67	0.71	0.71	0.74	0.61	0.67	0.54	0.63	0.60
K-A	0.12	0.17	0.19	0.19	0.21	0.20	0.17	0.15	0.19	0.29	0.16

表 5-3(续)

岩石类型	辉长岩											
样品	TH1574											
点	6	7	8	9	10	11	12	13	14	15	16	17
SiO_2	38.9	41.1	39.0	37.7	36.7	37.0	38.7	39.0	38.6	38.9	38.1	37.8
TiO_2	1.89	4.35	2.10	1.55	1.99	1.71	1.84	2.15	2.02	1.70	1.69	1.81
Al_2O_3	11.7	11.3	11.4	13.2	13.8	14.7	11.4	11.0	11.1	11.3	12.7	12.4
MnO	0.25	0.17	0.29	0.23	0.21	0.20	0.35	0.29	0.31	0.36	0.36	0.28
FeO	23.0	12.7	23.7	25.4	25.1	26.2	23.4	23.3	23.9	23.0	23.6	25.5
MgO	6.89	12.2	6.37	4.85	4.60	3.84	6.66	6.62	6.51	7.16	6.06	5.04
CaO	11.5	11.9	11.5	11.5	11.5	11.2	11.6	11.5	11.4	11.6	11.4	11.4
Na_2O	2.31	2.80	2.34	2.28	2.04	1.50	2.19	2.17	2.18	2.34	2.50	1.97
K_2O	1.47	0.89	1.55	1.15	1.31	1.27	1.65	1.46	1.67	1.38	1.18	1.56
总计	97.9	97.3	98.3	97.9	97.2	97.7	97.8	97.6	97.7	97.7	97.7	97.8
基于 23 个氧原子的离子数												
Si	6.10	6.15	6.12	5.98	5.86	5.88	6.11	6.16	6.11	6.13	6.02	6.02
Ti	0.22	0.49	0.25	0.18	0.24	0.20	0.22	0.26	0.24	0.20	0.20	0.22
Al	2.16	1.99	2.11	2.47	2.61	2.76	2.12	2.04	2.07	2.10	2.36	2.33
Mn^{2+}	0.03	0.02	0.04	0.03	0.03	0.03	0.05	0.04	0.04	0.05	0.05	0.04
Fe^{2+}	3.02	1.59	3.11	3.36	3.35	3.48	3.09	3.08	3.17	3.02	3.12	3.39
Mg	1.61	2.72	1.49	1.15	1.10	0.91	1.57	1.56	1.54	1.68	1.42	1.20
Ca	1.94	1.90	1.94	1.95	1.96	1.91	1.96	1.95	1.94	1.96	1.93	1.95
Na	0.70	0.81	0.71	0.70	0.63	0.46	0.67	0.66	0.67	0.71	0.76	0.61
K	0.29	0.17	0.31	0.23	0.27	0.26	0.33	0.29	0.34	0.28	0.24	0.32
总计	16.1	15.9	16.1	16.1	16.0	15.9	16.1	16.0	16.1	16.1	16.1	16.1
基于标准角闪石分子式 $A_{0-1}B_2C_5T_8O_{22}(OH)_2$ 的离子位点												
Si-T	6.03	6.17	6.06	5.90	5.78	5.76	6.04	6.10	6.03	6.04	5.94	5.93
Al^{IV}-T	1.97	1.83	1.94	2.10	2.22	2.24	1.96	1.90	1.97	1.96	2.06	2.07
Ti-T	0.00	0.00	0.00	0.00	0.00	0.00	0.00	0.00	0.00	0.00	0.00	0.00
Al^{VI}-C	0.17	0.16	0.16	0.34	0.35	0.47	0.14	0.12	0.08	0.11	0.27	0.22
Ti-C	0.22	0.49	0.25	0.18	0.24	0.20	0.22	0.25	0.24	0.20	0.20	0.21
Fe^{3+}-C	0.54	0.00	0.43	0.62	0.62	0.89	0.52	0.47	0.59	0.60	0.59	0.65

表 5-3(续)

岩石类型	辉长岩											
样品	TH1574											
点	6	7	8	9	10	11	12	13	14	15	16	17
Mg-C	1.59	2.72	1.48	1.13	1.08	0.89	1.55	1.54	1.52	1.66	1.41	1.18
Fe^{2+}-C	2.45	1.60	2.65	2.70	2.68	2.52	2.53	2.57	2.53	2.38	2.49	2.69
Mn^{2+}-C	0.03	0.02	0.04	0.03	0.03	0.03	0.05	0.04	0.04	0.05	0.05	0.04
Mg-B	0.00	0.00	0.00	0.00	0.00	0.00	0.00	0.00	0.00	0.00	0.00	0.00
Fe^{2+}-B	0.00	0.00	0.00	0.00	0.00	0.00	0.00	0.00	0.00	0.00	0.00	0.00
Mn^{2+}-B	0.00	0.00	0.00	0.00	0.00	0.00	0.00	0.00	0.00	0.00	0.00	0.00
Ca-B	1.91	1.91	1.92	1.92	1.94	1.88	1.94	1.93	1.91	1.93	1.90	1.92
Na-B	0.09	0.09	0.08	0.08	0.06	0.12	0.06	0.07	0.09	0.07	0.10	0.08
Na-A	0.61	0.72	0.63	0.62	0.56	0.33	0.60	0.58	0.57	0.63	0.66	0.52
K-A	0.29	0.17	0.31	0.23	0.26	0.25	0.33	0.29	0.33	0.27	0.24	0.31

岩石类型	辉长岩											
样品		TH1575										
点	18	1	2	3	4	5	6	7	8	9	10
SiO_2	36.4	43.2	42.5	43.1	40.4	40.2	40.3	43.0	43.8	40.4	41.3
TiO_2	1.51	1.98	2.18	2.17	1.63	1.48	1.46	1.03	1.44	1.48	1.48
Al_2O_3	14.5	9.21	9.88	9.45	11.1	11.3	11.4	9.23	9.54	11.4	10.7
MnO	0.32	0.36	0.27	0.30	0.25	0.24	0.33	0.24	0.36	0.24	0.26
FeO	26.7	15.4	16.2	15.8	19.8	20.0	20.1	19.8	16.5	19.7	19.7
MgO	3.69	11.7	11.1	11.5	9.08	9.08	8.95	9.80	11.2	8.97	9.34
CaO	11.4	11.8	11.6	11.5	11.9	11.6	11.7	11.8	11.6	11.8	11.8
Na_2O	1.57	2.39	2.52	2.61	2.26	2.15	2.20	1.96	2.29	2.30	2.09
K_2O	1.31	0.71	0.86	0.87	1.15	1.27	1.33	1.09	0.71	1.04	1.10
总计	97.4	96.8	97.2	97.3	97.5	97.3	97.7	97.9	97.4	97.3	97.8
基于 23 个氧原子的离子数											
Si	5.83	6.54	6.45	6.52	6.24	6.23	6.23	6.57	6.61	6.24	6.34
Ti	0.18	0.23	0.25	0.25	0.19	0.17	0.17	0.12	0.16	0.17	0.17
Al	2.75	1.64	1.77	1.68	2.02	2.06	2.07	1.66	1.70	2.09	1.94
Mn^{2+}	0.04	0.05	0.03	0.04	0.03	0.03	0.04	0.03	0.05	0.03	0.03

表 5-3（续）

岩石类型	辉长岩										
样品	TH1575										
点	18	1	2	3	4	5	6	7	8	9	10
Fe^{2+}	3.58	1.96	2.06	2.00	2.55	2.60	2.59	2.53	2.08	2.54	2.54
Mg	0.88	2.65	2.50	2.59	2.09	2.10	2.06	2.23	2.52	2.07	2.14
Ca	1.97	1.92	1.89	1.86	1.97	1.92	1.93	1.94	1.87	1.96	1.94
Na	0.49	0.70	0.74	0.76	0.68	0.65	0.66	0.58	0.67	0.69	0.62
K	0.27	0.14	0.17	0.17	0.23	0.25	0.26	0.21	0.14	0.20	0.21
总计	16.0	15.8	15.9	15.9	16.0	16.0	16.0	15.9	15.8	16.0	15.9
基于标准角闪石分子式 $A_{0-1}B_2C_5T_8O_{22}(OH)_2$ 的离子位点											
Si-T	5.71	6.51	6.42	6.48	6.18	6.14	6.15	6.50	6.55	6.18	6.26
Al^{IV}-T	2.29	1.49	1.58	1.52	1.82	1.86	1.85	1.50	1.45	1.82	1.74
Ti-T	0.00	0.00	0.00	0.00	0.00	0.00	0.00	0.00	0.00	0.00	0.00
Al^{VI}-C	0.41	0.14	0.18	0.15	0.18	0.17	0.19	0.14	0.23	0.24	0.18
Ti-C	0.18	0.22	0.25	0.24	0.19	0.17	0.17	0.12	0.16	0.17	0.17
Fe^{3+}-C	0.91	0.24	0.25	0.25	0.47	0.67	0.59	0.52	0.38	0.49	0.55
Mg-C	0.86	2.64	2.49	2.58	2.07	2.07	2.03	2.21	2.50	2.04	2.11
Fe^{2+}-C	2.60	1.70	1.80	1.73	2.06	1.89	1.97	1.99	1.68	2.03	1.95
Mn^{2+}-C	0.04	0.05	0.03	0.04	0.03	0.03	0.04	0.03	0.04	0.03	0.03
Mg-B	0.00	0.00	0.00	0.00	0.00	0.00	0.00	0.00	0.00	0.00	0.00
Fe^{2+}-B	0.00	0.00	0.00	0.00	0.00	0.00	0.00	0.00	0.00	0.00	0.00
Mn^{2+}-B	0.00	0.00	0.00	0.00	0.00	0.00	0.00	0.00	0.00	0.00	0.00
Ca-B	1.93	1.91	1.88	1.85	1.95	1.89	1.91	1.91	1.85	1.94	1.91
Na-B	0.07	0.09	0.12	0.15	0.05	0.11	0.09	0.09	0.15	0.06	0.09
Na-A	0.41	0.61	0.62	0.61	0.62	0.53	0.55	0.49	0.52	0.62	0.53
K-A	0.26	0.14	0.17	0.17	0.22	0.25	0.26	0.21	0.13	0.20	0.21

岩石类型	辉长岩										
样品	TH1575								TH1576		
点	11	12	13	14	15	16	17	18	1	2	3
SiO_2	42.1	40.6	43.4	41.4	42.4	42.2	43.1	40.2	41.9	40.6	40.9
TiO_2	2.02	1.55	1.74	0.95	0.67	0.84	0.64	1.44	3.91	4.11	4.39

表 5-3（续）

岩石类型	辉长岩										
样品	TH1575								TH1576		
点	11	12	13	14	15	16	17	18	1	2	3
Al_2O_3	10.4	11.4	9.77	10.1	9.68	9.77	9.29	10.8	11.3	11.7	11.7
MnO	0.30	0.25	0.32	0.23	0.25	0.29	0.30	0.29	0.19	0.19	0.15
FeO	17.0	19.4	16.4	20.4	19.3	19.6	19.2	20.8	10.5	11.4	10.9
MgO	11.2	9.3	11.3	9.28	10.0	10.0	10.3	8.04	13.3	13.0	12.8
CaO	11.0	11.8	12.0	11.7	11.9	11.7	11.7	11.7	11.7	11.8	11.9
Na_2O	2.34	2.43	2.12	2.06	2.00	1.98	2.15	2.20	2.63	2.57	2.60
K_2O	0.92	1.09	0.80	1.11	0.97	1.07	0.94	1.35	0.85	0.85	0.89
总计	97.3	97.8	97.8	97.2	97.2	97.3	97.6	96.8	96.3	96.2	96.2
基于 23 个氧原子的离子数											
Si	6.39	6.23	6.53	6.42	6.52	6.49	6.59	6.30	6.26	6.10	6.14
Ti	0.23	0.18	0.20	0.11	0.08	0.10	0.07	0.17	0.44	0.47	0.50
Al	1.87	2.07	1.73	1.84	1.76	1.77	1.67	1.99	1.98	2.07	2.07
Mn^{2+}	0.04	0.03	0.04	0.03	0.03	0.04	0.04	0.04	0.02	0.02	0.02
Fe^{2+}	2.15	2.49	2.06	2.64	2.48	2.52	2.46	2.72	1.31	1.44	1.36
Mg	2.54	2.14	2.53	2.14	2.30	2.28	2.34	1.88	2.97	2.93	2.86
Ca	1.78	1.94	1.93	1.94	1.96	1.92	1.91	1.96	1.88	1.90	1.91
Na	0.69	0.72	0.62	0.62	0.60	0.59	0.64	0.67	0.76	0.75	0.76
K	0.18	0.21	0.15	0.22	0.19	0.21	0.18	0.27	0.16	0.16	0.17
总计	15.9	16.0	15.8	16.0	15.9	15.9	15.9	16.0	15.8	15.9	15.8
基于标准角闪石分子式 $A_{0-1}B_2C_5T_8O_{22}(OH)_2$ 的离子位点											
Si-T	6.28	6.16	6.48	6.33	6.44	6.39	6.50	6.25	6.27	6.09	6.16
Al^{IV}-T	1.72	1.84	1.52	1.67	1.56	1.61	1.50	1.75	1.73	1.91	1.84
Ti-T	0.00	0.00	0.00	0.00	0.00	0.00	0.00	0.00	0.00	0.00	0.00
Al^{VI}-C	0.12	0.21	0.20	0.14	0.17	0.13	0.15	0.23	0.25	0.16	0.24
Ti-C	0.23	0.18	0.20	0.11	0.08	0.10	0.07	0.17	0.44	0.46	0.50
Fe^{3+}-C	0.77	0.50	0.32	0.65	0.58	0.70	0.61	0.36	0.00	0.11	0.00
Mg-C	2.50	2.11	2.52	2.11	2.27	2.25	2.31	1.86	2.97	2.92	2.88
Fe^{2+}-C	1.35	1.97	1.72	1.96	1.87	1.79	1.82	2.34	1.31	1.32	1.37

表 5-3(续)

岩石类型	辉长岩										
样品	TH1575								TH1576		
点	11	12	13	14	15	16	17	18	1	2	3
Mn²⁺-C	0.04	0.03	0.04	0.03	0.03	0.04	0.04	0.04	0.02	0.02	0.02
Mg-B	0.00	0.00	0.00	0.00	0.00	0.00	0.00	0.00	0.00	0.00	0.00
Fe²⁺-B	0.00	0.00	0.00	0.00	0.00	0.00	0.00	0.00	0.00	0.00	0.00
Mn²⁺-B	0.00	0.00	0.00	0.00	0.00	0.00	0.00	0.00	0.00	0.00	0.00
Ca-B	1.75	1.92	1.92	1.92	1.94	1.89	1.89	1.94	1.88	1.90	1.92
Na-B	0.25	0.08	0.08	0.08	0.06	0.11	0.11	0.06	0.12	0.10	0.08
Na-A	0.43	0.64	0.53	0.53	0.53	0.48	0.52	0.61	0.64	0.65	0.68
K-A	0.18	0.21	0.15	0.22	0.19	0.21	0.18	0.27	0.16	0.16	0.17

岩石类型	辉长岩										辉长岩磷灰石中包裹体	
样品	TH1579										TH1589	
点	1	2	3	4	5	6	7	8	9	10	1	2
SiO₂	38.2	37.7	39.5	37.7	39.0	35.9	39.8	39.9	39.3	39.3	41.9	40.8
TiO₂	1.61	1.56	2.50	2.68	2.53	1.64	2.27	2.29	2.28	2.44	2.36	2.59
Al₂O₃	16.2	16.9	14.7	16.5	14.3	18.8	14.8	14.8	15.0	15.1	12.4	12.5
MnO	0.11	0.11	0.10	0.12	0.12	0.12	0.15	0.12	0.10	0.13	0.07	0.08
FeO	12.1	12.4	12.5	12.9	14.3	15.1	11.9	11.5	11.7	11.6	9.74	11.2
MgO	11.5	11.2	11.7	10.8	11.4	9.27	12.3	12.8	12.2	12.3	13.6	14.2
CaO	11.5	11.7	11.6	11.6	10.7	11.4	11.3	11.2	11.2	11.2	12.1	11.1
Na₂O	3.36	3.24	3.38	3.30	3.13	3.36	3.51	3.58	3.40	3.54	2.40	2.32
K₂O	0.32	0.33	0.35	0.31	0.32	0.36	0.24	0.28	0.29	0.27	1.25	1.05
总计	95.0	95.2	96.3	95.8	95.9	96.0	96.2	96.3	95.6	95.8	95.9	95.9
基于 23 个氧原子的离子数												
Si	5.83	5.76	5.95	5.73	5.94	5.51	5.97	5.97	5.94	5.92	6.26	6.13
Ti	0.18	0.18	0.28	0.31	0.29	0.19	0.26	0.26	0.26	0.28	0.27	0.29
Al	2.91	3.03	2.61	2.96	2.57	3.41	2.63	2.61	2.67	2.68	2.19	2.22
Mn²⁺	0.01	0.01	0.01	0.02	0.02	0.02	0.02	0.02	0.01	0.02	0.01	0.01
Fe²⁺	1.54	1.59	1.57	1.63	1.83	1.94	1.49	1.44	1.48	1.46	1.22	1.41

表 5-3（续）

岩石类型	辉长岩										辉长岩磷灰石中包裹体	
样品	TH1579										TH1589	
点	1	2	3	4	5	6	7	8	9	10	1	2
Mg	2.62	2.55	2.64	2.44	2.59	2.12	2.75	2.85	2.76	2.76	3.02	3.18
Ca	1.89	1.90	1.87	1.88	1.75	1.88	1.81	1.79	1.82	1.80	1.94	1.79
Na	0.99	0.96	0.99	0.97	0.93	1.00	1.02	1.04	0.99	1.03	0.70	0.68
K	0.06	0.06	0.07	0.06	0.06	0.07	0.05	0.05	0.06	0.05	0.24	0.20
总计	16.1	16.1	16.0	16.0	16.0	16.1	16.0	16.0	16.0	16.0	15.8	15.9

基于标准角闪石分子式 $A_{0-1}B_2C_5T_8O_{22}(OH)_2$ 的离子位点

Si-T	5.78	5.70	5.92	5.69	5.84	5.43	5.92	5.91	5.88	5.87	6.28	6.02
Al^{IV}-T	2.22	2.30	2.08	2.31	2.16	2.57	2.08	2.09	2.12	2.13	1.72	1.98
Ti-T	0.00	0.00	0.00	0.00	0.00	0.00	0.00	0.00	0.00	0.00	0.00	0.00
Al^{VI}-C	0.67	0.71	0.52	0.63	0.37	0.79	0.53	0.49	0.53	0.53	0.48	0.19
Ti-C	0.18	0.18	0.28	0.30	0.28	0.19	0.25	0.25	0.26	0.27	0.27	0.29
Fe^{3+}-C	0.39	0.44	0.23	0.30	0.81	0.63	0.39	0.46	0.42	0.39	0.00	0.83
Mg-C	2.60	2.53	2.62	2.43	2.54	2.09	2.72	2.82	2.73	2.73	3.03	3.13
Fe^{2+}-C	1.14	1.13	1.33	1.32	0.99	1.28	1.09	0.96	1.05	1.05	1.22	0.55
Mn^{2+}-C	0.01	0.01	0.01	0.02	0.00	0.02	0.02	0.01	0.01	0.02	0.01	0.01
Mg-B	0.00	0.00	0.00	0.00	0.00	0.00	0.00	0.00	0.00	0.00	0.00	0.00
Fe^{2+}-B	0.00	0.00	0.00	0.00	0.00	0.00	0.00	0.00	0.00	0.00	0.00	0.00
Mn^{2+}-B	0.00	0.00	0.00	0.00	0.00	0.00	0.00	0.00	0.00	0.00	0.00	0.00
Ca-B	1.87	1.89	1.86	1.87	1.72	1.85	1.80	1.77	1.80	1.79	1.95	1.75
Na-B	0.13	0.11	0.14	0.13	0.28	0.15	0.20	0.23	0.20	0.21	0.05	0.25
Na-A	0.85	0.84	0.84	0.84	0.63	0.84	0.81	0.80	0.79	0.81	0.65	0.42
K-A	0.06	0.06	0.07	0.06	0.06	0.07	0.05	0.05	0.06	0.05	0.24	0.20

岩石类型	辉长岩磷灰石中包裹体											
样品	TH1589											
点	3	4	5	6	7	8	9	10	11	12	13	14
SiO_2	40.5	40.9	41.4	41.5	41.4	40.5	39.6	41.6	41.6	40.8	41.1	41.9
TiO_2	1.08	1.19	2.32	1.52	2.78	2.99	4.95	0.28	3.19	0.42	0.39	2.38

表 5-3（续）

岩石类型	辉长岩磷灰石中包裹体											
样品	TH1589											
点	3	4	5	6	7	8	9	10	11	12	13	14
Al_2O_3	14.6	14.0	12.3	12.7	11.9	13.1	13.5	14.5	12.0	14.6	14.2	12.7
MnO	0.17	0.09	0.10	0.08	0.08	0.16	0.17	0.14	0.11	0.09	0.10	0.13
FeO	11.6	10.8	10.4	10.1	10.8	12.9	13.9	12.4	10.7	10.6	10.7	12.4
MgO	12.1	13.3	14.1	13.6	13.7	11.3	9.36	12.2	13.6	13.8	13.9	11.6
CaO	12.5	12.1	12.2	12.3	12.0	12.3	12.4	12.8	12.9	12.9	13.2	12.5
Na_2O	2.66	2.03	2.43	2.04	2.59	2.78	2.86	2.21	2.48	1.88	2.01	2.72
K_2O	1.01	1.63	1.15	1.61	0.98	0.68	0.44	1.78	1.04	2.12	1.89	0.90
总计	96.3	96.1	96.3	95.4	96.2	96.7	97.1	98.0	97.6	97.2	97.5	97.2
基于 23 个氧原子的离子数												
Si	6.09	6.14	6.19	6.25	6.20	6.10	5.97	6.18	6.16	6.07	6.11	6.24
Ti	0.12	0.13	0.26	0.17	0.31	0.34	0.56	0.03	0.35	0.05	0.04	0.27
Al	2.59	2.48	2.16	2.26	2.11	2.33	2.39	2.54	2.09	2.56	2.48	2.24
Mn^{2+}	0.02	0.01	0.01	0.01	0.01	0.02	0.02	0.02	0.01	0.01	0.01	0.02
Fe^{2+}	1.46	1.35	1.30	1.27	1.35	1.62	1.76	1.54	1.32	1.33	1.32	1.55
Mg	2.70	2.98	3.13	3.06	3.06	2.54	2.10	2.70	2.99	3.05	3.07	2.59
Ca	2.02	1.95	1.95	1.98	1.93	1.99	2.00	2.03	2.05	2.06	2.10	1.99
Na	0.77	0.59	0.70	0.60	0.75	0.81	0.84	0.63	0.71	0.54	0.58	0.79
K	0.19	0.31	0.22	0.31	0.19	0.13	0.08	0.34	0.20	0.40	0.36	0.17
总计	16.0	15.9	15.9	15.9	15.9	15.9	15.7	16.0	15.9	16.1	16.1	15.8
基于标准角闪石分子式 $A_{0-1}B_2C_5T_8O_{22}(OH)_2$ 的离子位点												
Si-T	6.10	6.09	6.16	6.24	6.18	6.12	6.06	6.17	6.19	6.04	6.09	6.29
Al^{IV}-T	1.90	1.91	1.84	1.76	1.82	1.88	1.94	1.83	1.81	1.96	1.91	1.71
Ti-T	0.00	0.00	0.00	0.00	0.00	0.00	0.00	0.00	0.00	0.00	0.00	0.00
Al^{VI}-C	0.69	0.55	0.32	0.50	0.28	0.47	0.49	0.71	0.30	0.58	0.56	0.55
Ti-C	0.12	0.13	0.26	0.17	0.31	0.34	0.57	0.03	0.36	0.05	0.04	0.27
Fe^{3+}-C	0.00	0.31	0.20	0.07	0.00	0.00	0.00	0.03	0.00	0.23	0.13	0.00
Mg-C	2.71	2.96	3.12	3.05	3.05	2.55	2.14	2.70	3.01	3.04	3.07	2.61
Fe^{2+}-C	1.46	1.03	1.09	1.20	1.23	1.63	1.78	1.51	1.33	1.09	1.19	1.56

表 5-3(续)

岩石类型	辉长岩磷灰石中包裹体											
样品	TH1589											
点	3	4	5	6	7	8	9	10	11	12	13	14
Mn^{2+}-C	0.02	0.01	0.01	0.01	0.01	0.02	0.02	0.02	0.01	0.01	0.01	0.02
Mg-B	0.00	0.00	0.00	0.00	0.00	0.00	0.00	0.00	0.00	0.00	0.00	0.00
Fe^{2+}-B	0.00	0.00	0.00	0.00	0.00	0.00	0.00	0.00	0.00	0.00	0.00	0.00
Mn^{2+}-B	0.00	0.00	0.00	0.00	0.00	0.00	0.00	0.00	0.00	0.00	0.00	0.00
Ca-B	2.02	1.94	1.94	1.97	1.93	1.99	2.03	2.03	2.06	2.05	2.10	2.01
Na-B	0.00	0.06	0.06	0.03	0.07	0.01	0.00	0.00	0.00	0.00	0.00	0.00
Na-A	0.78	0.52	0.64	0.57	0.68	0.81	0.85	0.63	0.71	0.54	0.58	0.79
K-A	0.19	0.31	0.22	0.31	0.19	0.13	0.09	0.34	0.20	0.40	0.36	0.17

岩石类型	辉长岩磷灰石中包裹体											
样品	TH1589		TH1570									
点	15	16	1	2	3	4	5	6	7	8	9	10
SiO_2	40.1	40.0	39.2	42.3	40.0	41.3	37.4	41.0	41.3	41.2	40.9	44.4
TiO_2	4.07	2.38	1.70	0.81	2.62	0.65	2.51	1.03	2.67	2.16	1.42	0.70
Al_2O_3	12.8	13.5	14.6	11.2	11.7	12.2	15.0	13.2	12.6	12.0	12.3	11.1
MnO	0.27	0.09	0.10	0.16	0.11	0.10	0.20	0.18	0.11	0.11	0.10	0.13
FeO	17.0	11.6	12.5	14.7	11.2	12.6	17.7	16.3	12.8	11.3	10.8	10.7
MgO	8.18	12.3	12.5	11.9	13.6	13.4	8.17	9.35	11.8	13.4	14.9	15.8
CaO	12.4	12.4	12.6	12.9	13.2	12.9	12.3	12.5	12.8	12.8	12.9	12.3
Na_2O	2.42	2.18	2.33	2.13	2.28	2.33	2.41	2.60	2.27	2.39	2.76	2.59
K_2O	0.53	1.45	1.13	1.18	1.05	1.29	1.38	0.90	1.33	1.16	0.89	0.61
总计	97.8	95.9	96.7	97.4	95.7	96.9	97.1	97.1	97.6	96.4	97.0	98.3
基于 23 个氧原子的离子数												
Si	6.08	6.06	5.91	6.38	6.08	6.21	5.79	6.24	6.17	6.19	6.11	6.46
Ti	0.46	0.27	0.19	0.09	0.30	0.07	0.29	0.12	0.30	0.24	0.16	0.08
Al	2.29	2.41	2.60	1.99	2.10	2.17	2.74	2.37	2.21	2.12	2.17	1.90
Mn^{2+}	0.03	0.01	0.01	0.02	0.01	0.01	0.03	0.02	0.01	0.01	0.01	0.02
Fe^{2+}	2.15	1.47	1.57	1.85	1.42	1.59	2.29	2.08	1.59	1.41	1.35	1.31
Mg	1.85	2.77	2.81	2.68	3.08	3.02	1.88	2.12	2.62	2.99	3.31	3.42

表 5-3(续)

岩石类型	辉长岩磷灰石中包裹体											
样品	TH1589		TH1570									
点	15	16	1	2	3	4	5	6	7	8	9	10
Ca	2.02	2.02	2.04	2.09	2.14	2.09	2.04	2.04	2.05	2.06	2.06	1.92
Na	0.71	0.64	0.68	0.62	0.67	0.68	0.72	0.77	0.66	0.70	0.80	0.73
K	0.10	0.28	0.22	0.23	0.20	0.25	0.27	0.17	0.25	0.22	0.17	0.11
总计	15.7	15.9	16.0	16.0	16.0	16.1	16.1	15.9	15.9	16.0	16.1	15.9
基于标准角闪石分子式 $A_{0-1}B_2C_5T_8O_{22}(OH)_2$ 的离子位点												
Si-T	6.14	6.06	5.87	6.37	6.09	6.17	5.78	6.26	6.21	6.20	6.06	6.37
Al^{IV}-T	1.86	1.94	2.13	1.63	1.91	1.83	2.22	1.74	1.79	1.80	1.94	1.63
Ti-T	0.00	0.00	0.00	0.00	0.00	0.00	0.00	0.00	0.00	0.00	0.00	0.00
Al^{VI}-C	0.46	0.47	0.45	0.36	0.19	0.33	0.51	0.64	0.44	0.33	0.21	0.24
Ti-C	0.47	0.27	0.19	0.09	0.30	0.07	0.29	0.12	0.30	0.24	0.16	0.08
Fe^{3+}-C	0.00	0.00	0.37	0.06	0.00	0.28	0.06	0.00	0.00	0.00	0.37	0.61
Mg-C	1.87	2.78	2.79	2.68	3.08	3.00	1.88	2.13	2.64	3.00	3.28	3.38
Fe^{2+}-C	2.17	1.47	1.19	1.79	1.42	1.31	2.23	2.09	1.61	1.42	0.98	0.68
Mn^{2+}-C	0.04	0.01	0.01	0.02	0.01	0.01	0.03	0.02	0.01	0.01	0.01	0.02
Mg-B	0.00	0.00	0.00	0.00	0.00	0.00	0.00	0.00	0.00	0.00	0.00	0.00
Fe^{2+}-B	0.00	0.00	0.00	0.00	0.00	0.00	0.00	0.00	0.00	0.00	0.00	0.00
Mn^{2+}-B	0.00	0.00	0.00	0.00	0.00	0.00	0.00	0.00	0.00	0.00	0.00	0.00
Ca-B	2.04	2.02	2.02	2.09	2.15	2.07	2.04	2.04	2.06	2.07	2.04	1.89
Na-B	0.00	0.00	0.00	0.00	0.00	0.00	0.00	0.00	0.00	0.00	0.00	0.11
Na-A	0.72	0.64	0.68	0.62	0.67	0.68	0.72	0.77	0.66	0.70	0.79	0.61
K-A	0.10	0.28	0.22	0.23	0.20	0.25	0.27	0.18	0.25	0.22	0.17	0.11

岩石类型	辉长岩磷灰石中包裹体											
样品	TH1570									TH1566		
点	11	12	13	14	15	16	17	18	19	1	2	3
SiO_2	40.2	41.2	39.7	40.9	38.3	40.8	41.2	42.7	40.9	39.9	41.8	41.8
TiO_2	0.64	2.85	0.08	2.09	4.85	2.83	2.89	1.47	0.13	2.60	0.73	0.76
Al_2O_3	14.5	11.0	14.9	13.0	14.2	12.0	12.0	11.4	13.4	12.5	11.2	11.9
MnO	0.15	0.11	0.22	0.21	0.26	0.11	0.10	0.14	0.18	0.09	0.07	0.10

表 5-3(续)

岩石类型	辉长岩磷灰石中包裹体											
样品	TH1570									TH1566		
点	11	12	13	14	15	16	17	18	19	1	2	3
FeO	13.7	10.9	21.4	14.6	15.6	11.4	11.4	13.3	18.7	13.6	11.5	10.8
MgO	11.0	14.0	6.50	10.3	7.15	13.1	13.4	12.6	8.4	11.7	14.4	14.7
CaO	12.2	11.8	11.2	11.7	11.4	11.1	11.3	10.7	10.5	11.4	11.6	11.3
Na_2O	1.97	2.65	2.13	2.19	2.65	2.45	2.34	2.12	2.33	2.66	2.65	2.58
K_2O	2.05	0.94	0.47	1.22	0.85	1.10	1.08	0.97	0.83	1.04	0.84	1.21
总计	96.3	95.5	96.6	96.2	95.3	94.8	95.7	95.4	95.4	95.4	94.8	95.1
基于 23 个氧原子的离子数												
Si	6.12	6.23	6.17	6.23	5.94	6.21	6.21	6.46	6.36	6.12	6.36	6.32
Ti	0.07	0.32	0.01	0.24	0.57	0.32	0.33	0.17	0.01	0.30	0.08	0.09
Al	2.60	1.96	2.74	2.33	2.60	2.15	2.12	2.04	2.46	2.25	2.01	2.11
Mn^{2+}	0.02	0.01	0.03	0.03	0.03	0.01	0.01	0.02	0.02	0.01	0.01	0.01
Fe^{2+}	1.75	1.38	2.78	1.86	2.02	1.45	1.44	1.68	2.43	1.74	1.46	1.37
Mg	2.49	3.16	1.51	2.33	1.65	2.97	3.01	2.84	1.95	2.66	3.27	3.32
Ca	1.98	1.91	1.86	1.90	1.89	1.80	1.83	1.74	1.74	1.87	1.89	1.83
Na	0.58	0.78	0.64	0.65	0.80	0.72	0.68	0.62	0.70	0.79	0.78	0.76
K	0.40	0.18	0.09	0.24	0.17	0.21	0.21	0.19	0.17	0.20	0.16	0.23
总计	16.0	15.9	15.8	15.8	15.7	15.9	15.8	15.8	15.8	16.0	16.0	16.0
基于标准角闪石分子式 $A_{0-1}B_2C_5T_8O_{22}(OH)_2$ 的离子位点												
Si-T	6.10	6.20	6.06	6.22	6.03	6.16	6.15	6.36	6.25	6.08	6.26	6.21
Al^{IV}-T	1.90	1.80	1.94	1.78	1.97	1.84	1.85	1.64	1.75	1.92	1.74	1.79
Ti-T	0.00	0.00	0.00	0.00	0.00	0.00	0.00	0.00	0.00	0.00	0.00	0.00
Al^{VI}-C	0.69	0.15	0.75	0.55	0.67	0.29	0.26	0.37	0.66	0.32	0.25	0.29
Ti-C	0.07	0.32	0.01	0.24	0.57	0.32	0.32	0.16	0.01	0.30	0.08	0.08
Fe^{3+}-C	0.14	0.25	0.78	0.08	0.00	0.40	0.42	0.71	0.77	0.30	0.66	0.75
Mg-C	2.48	3.14	1.48	2.33	1.68	2.94	2.98	2.80	1.91	2.64	3.22	3.27
Fe^{2+}-C	1.60	1.12	1.95	1.78	2.05	1.03	1.00	0.94	1.62	1.43	0.78	0.60
Mn^{2+}-C	0.02	0.01	0.03	0.03	0.04	0.01	0.01	0.02	0.02	0.01	0.01	0.01
Mg-B	0.00	0.00	0.00	0.00	0.00	0.00	0.00	0.00	0.00	0.00	0.00	0.00

岩石类型	辉长岩磷灰石中包裹体											
样品	TH1570									TH1566		
点	11	12	13	14	15	16	17	18	19	1	2	3
Fe^{2+}-B	0.00	0.00	0.00	0.00	0.00	0.00	0.00	0.00	0.00	0.00	0.00	0.00
Mn^{2+}-B	0.00	0.00	0.00	0.00	0.00	0.00	0.00	0.00	0.00	0.00	0.00	0.00
Ca-B	1.98	1.90	1.83	1.90	1.92	1.79	1.81	1.71	1.71	1.86	1.86	1.80
Na-B	0.02	0.10	0.17	0.10	0.08	0.21	0.19	0.29	0.29	0.14	0.14	0.20
Na-A	0.56	0.67	0.46	0.54	0.73	0.50	0.49	0.32	0.40	0.65	0.63	0.54
K-A	0.40	0.18	0.09	0.24	0.17	0.21	0.21	0.18	0.16	0.20	0.16	0.23

岩石类型	辉长岩磷灰石中包裹体												
样品	TH1566												
点	4	5	6	7	8	9	10	11	12	13	14	15	16
SiO_2	39.5	35.6	41.2	42.2	42.7	42.1	40.2	40.4	43.2	41.7	39.4	41.8	38.8
TiO_2	0.40	0.94	1.00	1.61	0.62	0.72	2.71	2.00	1.99	1.94	0.15	0.46	1.23
Al_2O_3	13.3	13.4	12.7	9.9	11.4	11.7	13.1	14.5	11.5	12.3	16.2	12.0	14.2
MnO	0.08	0.09	0.08	0.16	0.09	0.14	0.24	0.10	0.09	0.08	0.18	0.09	0.10
FeO	14.1	12.5	10.6	15.5	11.2	11.6	18.4	11.3	10.2	11.0	16.3	10.0	14.5
MgO	13.8	14.7	14.1	11.9	14.6	14.1	7.45	13.1	14.1	13.5	8.70	15.8	11.0
CaO	10.0	11.4	11.3	10.7	11.3	11.2	10.0	12.1	12.2	12.0	12.1	11.7	12.4
Na_2O	2.76	3.04	2.33	2.25	2.80	2.92	3.10	2.51	2.45	2.54	1.98	2.73	2.51
K_2O	0.66	1.09	1.42	1.23	0.74	0.78	0.59	0.95	0.95	0.99	1.71	0.87	1.17
总计	94.6	92.8	94.6	95.4	95.4	95.3	95.8	97.0	96.8	96.0	96.7	95.4	95.9
基于 23 个氧原子的离子数													
Si	6.08	5.66	6.25	6.49	6.42	6.36	6.23	6.02	6.39	6.26	6.03	6.28	5.97
Ti	0.05	0.11	0.11	0.19	0.07	0.08	0.32	0.22	0.22	0.22	0.02	0.05	0.14
Al	2.41	2.52	2.28	1.80	2.01	2.09	2.40	2.54	2.01	2.17	2.92	2.12	2.56
Mn^{2+}	0.01	0.01	0.01	0.02	0.01	0.02	0.03	0.01	0.01	0.01	0.02	0.01	0.01
Fe^{2+}	1.82	1.66	1.34	1.99	1.41	1.46	2.38	1.40	1.26	1.38	2.08	1.25	1.87
Mg	3.17	3.49	3.19	2.72	3.28	3.18	1.72	2.92	3.10	3.01	1.98	3.53	2.51
Ca	1.65	1.94	1.83	1.76	1.82	1.81	1.66	1.93	1.94	1.93	1.98	1.89	2.05
Na	0.82	0.94	0.69	0.67	0.82	0.86	0.93	0.72	0.70	0.74	0.59	0.79	0.75

表 5-3（续）

岩石类型	辉长岩磷灰石中包裹体												
样品	TH1566												
点	4	5	6	7	8	9	10	11	12	13	14	15	16
K	0.13	0.22	0.28	0.24	0.14	0.15	0.12	0.18	0.18	0.19	0.33	0.17	0.23
总计	16.1	16.6	16.0	15.9	16.0	16.0	15.8	15.9	15.8	15.9	16.0	16.1	16.1
基于标准角闪石分子式 $A_{0-1}B_2C_5T_8O_{22}(OH)_2$ 的离子位点													
Si-T	5.84	5.47	6.16	6.39	6.32	6.27	6.19	5.97	6.39	6.23	6.00	6.17	5.94
Al^{IV}-T	2.16	2.43	1.84	1.61	1.68	1.73	1.81	2.03	1.61	1.77	2.00	1.83	2.06
Ti-T	0.00	0.10	0.00	0.00	0.00	0.00	0.00	0.00	0.00	0.00	0.00	0.00	0.00
Al^{VI}-C	0.16	0.00	0.41	0.16	0.30	0.33	0.58	0.48	0.40	0.39	0.91	0.24	0.49
Ti-C	0.04	0.01	0.11	0.18	0.07	0.08	0.31	0.22	0.22	0.22	0.02	0.05	0.14
Fe^{3+}-C	1.74	1.49	0.63	0.70	0.70	0.67	0.26	0.38	0.01	0.17	0.19	0.83	0.24
Mg-C	3.04	3.37	3.14	2.68	3.23	3.13	1.71	2.89	3.10	3.00	1.97	3.47	2.50
Fe^{2+}-C	0.00	0.12	0.70	1.26	0.69	0.77	2.10	1.01	1.25	1.21	1.88	0.40	1.62
Mn^{2+}-C	0.01	0.01	0.01	0.02	0.01	0.02	0.03	0.01	0.01	0.00	0.02	0.01	0.01
Mg-B	0.00	0.00	0.00	0.00	0.00	0.00	0.00	0.00	0.00	0.00	0.00	0.00	0.00
Fe^{2+}-B	0.00	0.00	0.00	0.00	0.00	0.00	0.00	0.00	0.00	0.00	0.00	0.00	0.00
Mn^{2+}-B	0.00	0.00	0.00	0.00	0.00	0.00	0.00	0.00	0.00	0.00	0.00	0.00	0.00
Ca-B	1.59	1.88	1.81	1.74	1.79	1.78	1.65	1.91	1.94	1.92	1.97	1.85	2.04
Na-B	0.41	0.12	0.19	0.26	0.21	0.22	0.35	0.09	0.06	0.08	0.03	0.15	0.00
Na-A	0.38	0.79	0.48	0.40	0.60	0.63	0.57	0.63	0.64	0.66	0.55	0.63	0.74
K-A	0.12	0.21	0.27	0.24	0.14	0.15	0.12	0.18	0.18	0.19	0.33	0.16	0.23
岩石类型	辉长岩磷灰石中包裹体												
样品		TH1572											
点	17	1	2	3	4	5	6	7	8	9	10	11	
SiO_2	39.0	40.7	39.8	39.6	38.0	39.0	40.6	39.8	40.4	38.8	43.1	37.9	
TiO_2	1.17	1.29	2.60	1.96	3.26	5.28	0.59	0.71	0.69	5.81	1.08	3.75	
Al_2O_3	13.4	12.6	13.4	12.9	13.6	12.2	13.0	14.0	12.7	12.8	11.3	14.8	
MnO	0.12	0.10	0.12	0.25	0.20	0.25	0.09	0.11	0.09	0.25	0.10	0.21	
FeO	14.5	10.8	12.3	18.6	19.0	20.0	11.0	10.5	10.0	16.2	8.77	14.4	
MgO	12.0	14.1	12.3	7.78	7.33	5.76	14.4	14.6	16.3	7.86	15.2	9.24	

表 5-3（续）

岩石类型	辉长岩磷灰石中包裹体											
样品		TH1572										
点	17	1	2	3	4	5	6	7	8	9	10	11
CaO	11.8	11.7	11.9	11.5	11.2	11.4	11.4	11.5	10.9	11.9	12.0	11.6
Na_2O	2.59	2.41	2.70	2.46	2.59	2.64	2.58	2.56	2.39	3.13	2.48	2.96
K_2O	1.35	1.38	0.98	1.33	1.02	0.58	1.39	1.25	1.13	0.42	1.12	0.69
总计	95.9	95.1	96.1	96.5	96.2	97.2	95.1	95.0	94.6	97.2	95.2	95.5
基于 23 个氧原子的离子数												
Si	5.99	6.18	6.02	6.16	5.94	6.06	6.16	6.04	6.13	5.93	6.45	5.84
Ti	0.14	0.15	0.30	0.23	0.38	0.62	0.07	0.08	0.08	0.67	0.12	0.43
Al	2.43	2.25	2.39	2.37	2.51	2.23	2.33	2.50	2.27	2.31	1.99	2.68
Mn^{2+}	0.02	0.01	0.01	0.03	0.03	0.03	0.01	0.01	0.03	0.03	0.01	0.03
Fe^{2+}	1.86	1.37	1.56	2.42	2.49	2.60	1.40	1.34	1.26	2.06	1.10	1.86
Mg	2.75	3.20	2.77	1.80	1.71	1.33	3.26	3.30	3.69	1.79	3.38	2.12
Ca	1.95	1.91	1.93	1.92	1.87	1.89	1.86	1.87	1.76	1.94	1.91	1.91
Na	0.77	0.71	0.79	0.74	0.78	0.79	0.76	0.75	0.70	0.93	0.72	0.88
K	0.26	0.27	0.19	0.26	0.20	0.11	0.27	0.24	0.22	0.08	0.21	0.13
总计	16.2	16.0	16.0	15.9	15.9	15.7	16.1	16.1	16.1	15.8	15.9	15.9
基于标准角闪石分子式 $A_{0-1}B_2C_5T_8O_{22}(OH)_2$ 的离子位点												
Si-T	5.91	6.11	5.99	6.15	5.92	6.12	6.06	5.92	5.93	6.03	6.42	5.86
Al^{IV}-T	2.09	1.89	2.01	1.85	2.08	1.88	1.94	2.08	2.07	1.97	1.58	2.14
Ti-T	0.00	0.00	0.00	0.00	0.00	0.00	0.00	0.00	0.00	0.00	0.00	0.00
Al^{VI}-C	0.31	0.32	0.37	0.52	0.41	0.37	0.35	0.37	0.12	0.37	0.41	0.55
Ti-C	0.13	0.14	0.30	0.23	0.38	0.62	0.07	0.08	0.08	0.68	0.12	0.44
Fe^{3+}-C	0.64	0.53	0.22	0.02	0.20	0.00	0.79	0.90	1.22	0.00	0.19	0.00
Mg-C	2.71	3.16	2.76	1.80	1.70	1.35	3.20	3.23	3.57	1.82	3.37	2.13
Fe^{2+}-C	1.19	0.82	1.34	2.39	2.28	2.63	0.59	0.41	0.00	2.10	0.90	1.86
Mn^{2+}-C	0.02	0.01	0.01	0.03	0.03	0.03	0.01	0.01	0.01	0.03	0.01	0.03
Mg-B	0.00	0.00	0.00	0.00	0.00	0.00	0.00	0.00	0.00	0.00	0.00	0.00
Fe^{2+}-B	0.00	0.00	0.00	0.00	0.00	0.00	0.00	0.00	0.00	0.00	0.00	0.00
Mn^{2+}-B	0.00	0.00	0.00	0.00	0.00	0.00	0.00	0.00	0.00	0.00	0.00	0.00

表 5-3（续）

岩石类型	辉长岩磷灰石中包裹体											
样品		TH1572										
点	17	1	2	3	4	5	6	7	8	9	10	11
Ca-B	1.92	1.89	1.92	1.92	1.86	1.91	1.83	1.83	1.71	1.98	1.91	1.91
Na-B	0.08	0.11	0.08	0.08	0.14	0.09	0.17	0.17	0.29	0.02	0.09	0.09
Na-A	0.68	0.59	0.71	0.66	0.64	0.71	0.57	0.57	0.38	0.92	0.62	0.80
K-A	0.26	0.26	0.19	0.26	0.20	0.12	0.26	0.24	0.21	0.08	0.21	0.14

岩石类型	辉长岩磷灰石中包裹体											
样品	TH1572						TH1573					
点	12	13	14	15	16	17	1	2	3	4	5	6
SiO_2	38.1	38.9	41.3	40.3	39.7	38.3	45.1	36.9	41.8	42.3	40.2	41.1
TiO_2	3.61	3.56	2.39	3.19	2.71	2.95	3.95	4.62	1.25	1.26	2.15	3.35
Al_2O_3	14.7	14.1	11.4	13.5	12.5	13.8	8.3	16.8	13.0	12.3	13.2	11.4
MnO	0.22	0.23	0.11	0.18	0.13	0.13	0.32	0.24	0.13	0.11	0.19	0.14
FeO	14.5	14.4	10.3	13.8	13.9	14.3	14.4	14.6	11.6	11.6	14.8	12.6
MgO	9.14	9.43	14.5	10.3	11.6	11.0	11.8	8.5	12.9	13.2	11.0	12.7
CaO	10.5	10.7	12.2	12.2	10.9	12.0	11.0	11.0	11.7	12.3	11.7	12.8
Na_2O	2.95	2.87	2.49	2.95	2.47	2.53	1.81	2.61	2.20	2.13	2.21	2.04
K_2O	0.68	0.65	1.15	0.68	1.14	1.13	0.15	0.52	1.11	1.04	1.21	0.91
总计	94.3	94.8	95.9	97.2	95.0	96.1	96.8	95.8	95.6	96.2	96.7	97.1
基于 23 个氧原子的离子数												
Si	5.91	6.00	6.21	6.06	6.11	5.88	6.72	5.65	6.29	6.34	6.11	6.17
Ti	0.42	0.41	0.27	0.36	0.31	0.34	0.44	0.53	0.14	0.14	0.25	0.38
Al	2.69	2.56	2.02	2.40	2.26	2.49	1.45	3.02	2.30	2.17	2.36	2.02
Mn^{2+}	0.03	0.03	0.01	0.02	0.02	0.02	0.04	0.03	0.02	0.01	0.02	0.02
Fe^{2+}	1.88	1.87	1.29	1.74	1.79	1.84	1.79	1.87	1.46	1.45	1.88	1.58
Mg	2.12	2.17	3.26	2.32	2.67	2.51	2.62	1.94	2.89	2.95	2.49	2.84
Ca	1.75	1.77	1.97	1.97	1.79	1.97	1.76	1.81	1.89	1.97	1.91	2.06
Na	0.89	0.86	0.73	0.86	0.74	0.75	0.52	0.78	0.64	0.62	0.65	0.59
K	0.13	0.13	0.22	0.13	0.22	0.22	0.03	0.10	0.21	0.20	0.23	0.17
总计	15.8	15.8	16.0	15.9	15.9	16.0	15.4	15.7	15.8	15.8	15.9	15.8

表 5-3(续)

岩石类型	辉长岩磷灰石中包裹体											
样品	TH1572						TH1573					
点	12	13	14	15	16	17	1	2	3	4	5	6
基于标准角闪石分子式 $A_{0-1}B_2C_5T_8O_{22}(OH)_2$ 的离子位点												
Si-T	5.89	5.98	6.18	6.10	6.04	5.84	6.68	5.63	6.24	6.31	6.06	6.16
Al^{IV}-T	2.11	2.02	1.82	1.90	1.96	2.16	1.32	2.37	1.76	1.69	1.94	1.84
Ti-T	0.00	0.00	0.00	0.00	0.00	0.00	0.00	0.00	0.00	0.00	0.00	0.00
Al^{VI}-C	0.57	0.53	0.19	0.52	0.27	0.32	0.13	0.64	0.53	0.47	0.40	0.18
Ti-C	0.42	0.41	0.27	0.36	0.31	0.34	0.44	0.53	0.14	0.14	0.24	0.38
Fe^{3+}-C	0.20	0.15	0.24	0.00	0.58	0.27	0.27	0.18	0.34	0.20	0.38	0.01
Mg-C	2.11	2.16	3.24	2.34	2.63	2.50	2.61	1.94	2.87	2.94	2.47	2.84
Fe^{2+}-C	1.68	1.71	1.05	1.75	1.19	1.56	1.52	1.68	1.10	1.24	1.48	1.57
Mn^{2+}-C	0.03	0.03	0.01	0.02	0.02	0.02	0.04	0.03	0.02	0.01	0.02	0.02
Mg-B	0.00	0.00	0.00	0.00	0.00	0.00	0.00	0.00	0.00	0.00	0.00	0.00
Fe^{2+}-B	0.00	0.00	0.00	0.00	0.00	0.00	0.00	0.00	0.00	0.00	0.00	0.00
Mn^{2+}-B	0.00	0.00	0.00	0.00	0.00	0.00	0.00	0.00	0.00	0.00	0.00	0.00
Ca-B	1.74	1.76	1.96	1.98	1.77	1.96	1.75	1.81	1.88	1.96	1.89	2.06
Na-B	0.26	0.24	0.04	0.02	0.23	0.04	0.25	0.19	0.12	0.04	0.11	0.00
Na-A	0.63	0.62	0.68	0.85	0.50	0.71	0.27	0.58	0.51	0.58	0.54	0.59
K-A	0.13	0.13	0.22	0.13	0.22	0.22	0.03	0.10	0.21	0.20	0.23	0.17

岩石类型	辉长岩磷灰石中包裹体											
样品	TH1573									TH1586		
点	7	8	9	10	11	12	13	14	15	1	2	3
SiO_2	41.5	46.0	41.3	42.5	43.2	43.7	41.9	42.0	39.1	40.6	42.9	40.4
TiO_2	0.64	0.83	1.86	0.68	0.57	0.93	1.43	0.39	1.96	2.63	1.70	1.40
Al_2O_3	12.6	8.6	11.9	12.1	11.2	10.1	12.8	13.5	14.1	13.6	11.3	13.9
MnO	0.14	0.16	0.18	0.13	0.15	0.21	0.19	0.20	0.27	0.10	0.14	0.10
FeO	14.8	14.2	15.9	11.4	10.8	12.7	15.1	15.7	15.8	10.5	10.0	10.9
MgO	12.1	13.2	11.1	14.4	14.9	13.2	10.1	10.2	9.39	14.1	15.3	14.0
CaO	13.0	12.2	12.0	11.6	10.5	11.3	11.9	12.3	11.6	11.8	12.7	12.3
Na_2O	2.11	1.21	2.19	2.11	2.05	1.96	2.12	1.93	1.80	2.25	2.17	2.25

表 5-3(续)

岩石类型	辉长岩磷灰石中包裹体											
样品	TH1573									TH1586		
点	7	8	9	10	11	12	13	14	15	1	2	3
K_2O	0.95	1.25	0.85	1.00	0.76	0.94	0.82	1.14	0.73	1.15	1.18	1.36
总计	97.9	97.6	97.2	95.9	94.1	95.0	96.3	97.4	94.7	96.8	97.4	96.8
基于 23 个氧原子的离子数												
Si	6.23	6.82	6.25	6.37	6.53	6.63	6.35	6.33	6.07	6.04	6.32	6.04
Ti	0.07	0.09	0.21	0.08	0.06	0.11	0.16	0.04	0.23	0.29	0.19	0.16
Al	2.23	1.50	2.12	2.13	1.99	1.81	2.29	2.39	2.57	2.37	1.96	2.45
Mn^{2+}	0.02	0.02	0.02	0.02	0.02	0.03	0.02	0.03	0.04	0.01	0.02	0.01
Fe^{2+}	1.85	1.77	2.02	1.43	1.36	1.61	1.92	1.98	2.05	1.30	1.23	1.37
Mg	2.71	2.91	2.50	3.22	3.36	2.98	2.28	2.28	2.17	3.13	3.35	3.12
Ca	2.08	1.93	1.95	1.85	1.70	1.83	1.92	1.99	1.93	1.89	2.00	1.97
Na	0.61	0.35	0.64	0.61	0.60	0.58	0.62	0.56	0.54	0.65	0.62	0.65
K	0.18	0.24	0.16	0.19	0.15	0.18	0.16	0.22	0.14	0.22	0.22	0.26
总计	16.0	15.6	15.9	15.9	15.8	15.7	15.7	15.8	15.8	15.9	15.9	16.0
基于标准角闪石分子式 $A_{0-1}B_2C_5T_8O_{22}(OH)_2$ 的离子位点												
Si-T	6.17	6.76	6.19	6.25	6.37	6.55	6.34	6.30	6.01	5.97	6.29	5.97
Al^{IV}-T	1.83	1.24	1.81	1.75	1.63	1.45	1.66	1.70	1.99	2.03	1.71	2.03
Ti-T	0.00	0.00	0.00	0.00	0.00	0.00	0.00	0.00	0.00	0.00	0.00	0.00
Al^{VI}-C	0.39	0.25	0.29	0.34	0.31	0.34	0.62	0.69	0.56	0.32	0.24	0.40
Ti-C	0.07	0.09	0.21	0.08	0.06	0.10	0.16	0.04	0.23	0.29	0.19	0.16
Fe^{3+}-C	0.38	0.39	0.42	0.81	1.11	0.54	0.09	0.18	0.46	0.54	0.28	0.51
Mg-C	2.68	2.89	2.48	3.16	3.28	2.94	2.28	2.27	2.15	3.09	3.33	3.08
Fe^{2+}-C	1.46	1.36	1.57	0.60	0.22	1.05	1.82	1.79	1.57	0.75	0.95	0.84
Mn^{2+}-C	0.02	0.02	0.02	0.02	0.02	0.03	3.02	3.03	0.03	0.01	0.02	0.01
Mg-B	0.00	0.00	0.00	0.00	0.00	0.00	0.00	0.00	0.00	0.00	0.00	0.00
Fe^{2+}-B	0.00	0.00	0.00	0.00	0.00	0.00	0.00	0.00	0.00	0.00	0.00	0.00
Mn^{2+}-B	0.00	0.00	0.00	0.00	0.00	0.00	0.00	0.00	0.00	0.00	0.00	0.00
Ca-B	2.06	1.91	1.93	1.82	1.66	1.81	1.92	1.98	1.92	1.86	1.99	1.95
Na-B	0.00	0.09	0.07	0.18	0.34	0.19	0.08	0.02	0.08	0.14	0.01	0.05

表 5-3（续）

岩石类型	辉长岩磷灰石中包裹体											
样品	TH1573									TH1586		
点	7	8	9	10	11	12	13	14	15	1	2	3
Na-A	0.61	0.26	0.57	0.42	0.25	0.38	0.54	0.54	0.45	0.51	0.61	0.59
K-A	0.18	0.23	0.16	0.19	0.14	0.18	0.16	0.22	0.14	0.22	0.22	0.26

岩石类型	辉长岩磷灰石中包裹体											
样品	TH1586											
点	4	5	6	7	8	9	10	11	12	13	14	15	16
SiO_2	39.6	41.0	41.1	41.0	39.6	38.3	40.9	45.5	40.6	39.9	42.6	42.6	39.2
TiO_2	4.10	0.62	1.49	1.02	4.90	2.27	0.72	0.28	1.85	2.09	2.46	0.61	0.60
Al_2O_3	14.5	14.9	13.6	12.8	14.3	15.4	14.5	11.0	14.2	16.1	12.1	11.8	16.0
MnO	0.24	0.15	0.21	0.13	0.27	0.21	0.11	0.14	0.15	0.13	0.14	0.15	0.06
FeO	13.3	11.0	13.4	9.89	13.3	17.3	10.0	9.87	11.2	10.1	10.6	14.7	9.92
MgO	9.44	13.0	11.7	15.5	9.88	8.52	14.1	15.7	13.0	13.2	13.6	11.8	14.9
CaO	11.8	12.7	12.3	11.9	12.3	11.7	12.6	11.9	12.6	12.2	12.2	12.5	12.6
Na_2O	2.95	2.69	2.73	2.04	2.37	2.40	1.84	2.45	2.35	2.00	2.22	1.77	2.29
K_2O	0.67	1.07	0.73	0.51	0.45	0.70	1.90	0.82	1.07	1.40	0.97	1.49	1.23
总计	96.6	97.1	97.2	94.8	97.4	96.8	96.6	97.7	97.0	97.1	96.7	97.5	96.7
基于 23 个氧原子的离子数													
Si	5.98	6.09	6.16	6.18	5.93	5.88	6.09	6.61	6.04	5.90	6.31	6.40	5.83
Ti	0.47	0.07	0.17	0.12	0.55	0.26	0.08	0.03	0.21	0.23	0.27	0.07	0.07
Al	2.58	2.61	2.40	2.27	2.51	2.78	2.55	1.89	2.50	2.80	2.11	2.09	2.80
Mn^{2+}	0.03	0.02	0.03	0.02	0.03	0.03	0.01	0.02	0.02	0.02	0.02	0.02	0.01
Fe^{2+}	1.67	1.37	1.68	1.25	1.67	2.23	1.25	1.20	1.39	1.24	1.31	1.85	1.23
Mg	2.13	2.87	2.61	3.47	2.20	1.95	3.12	3.39	2.88	2.91	3.00	2.64	3.31
Ca	1.91	2.02	1.97	1.93	1.98	1.92	2.01	1.85	2.01	1.94	1.93	2.02	2.00
Na	0.86	0.77	0.79	0.60	0.69	0.71	0.53	0.69	0.68	0.57	0.64	0.52	0.66
K	0.13	0.20	0.14	0.10	0.09	0.14	0.36	0.15	0.20	0.26	0.18	0.29	0.23
总计	15.8	16.0	15.9	15.9	15.7	15.9	16.0	15.8	15.9	15.9	15.8	15.9	16.1
基于标准角闪石分子式 $A_{0-1}B_2C_5T_8O_{22}(OH)_2$ 的离子位点													
Si-T	6.05	6.07	6.14	6.04	5.97	5.83	6.04	6.54	6.02	5.85	6.30	6.37	5.72

表 5-3（续）

岩石类型	辉长岩磷灰石中包裹体												
样品	TH1586												
点	4	5	6	7	8	9	10	11	12	13	14	15	16
Al^{IV}-T	1.95	1.93	1.86	1.96	2.03	2.17	1.96	1.46	1.98	2.15	1.70	1.63	2.28
Ti-T	0.00	0.00	0.00	0.00	0.00	0.00	0.00	0.00	0.00	0.00	0.00	0.00	0.00
Al^{VI}-C	0.66	0.68	0.53	0.26	0.51	0.58	0.57	0.41	0.51	0.63	0.40	0.44	0.47
Ti-C	0.47	0.07	0.17	0.11	0.56	0.26	0.08	0.03	0.21	0.23	0.27	0.07	0.07
Fe^{3+}-C	0.00	0.11	0.14	1.00	0.00	0.44	0.35	0.49	0.17	0.38	0.07	0.24	0.85
Mg-C	2.15	2.86	2.60	3.39	2.22	1.93	3.10	3.36	2.87	2.89	3.00	2.63	3.24
Fe^{2+}-C	1.69	1.25	1.54	0.22	1.68	1.77	0.88	0.70	1.22	0.86	1.24	1.60	0.36
Mn^{2+}-C	0.03	0.02	0.03	0.02	0.03	0.03	0.01	0.02	0.02	0.02	0.02	0.02	0.01
Mg-B	0.00	0.00	0.00	0.00	0.00	0.00	0.00	0.00	0.00	0.00	0.00	0.00	0.00
Fe^{2+}-B	0.00	0.00	0.00	0.00	0.00	0.00	0.00	0.00	0.00	0.00	0.00	0.00	0.00
Mn^{2+}-B	0.00	0.00	0.00	0.00	0.00	0.00	0.00	0.00	0.00	0.00	0.00	0.00	0.00
Ca-B	1.93	2.01	1.97	1.88	1.99	1.90	1.99	1.83	2.00	1.92	1.93	2.01	1.97
Na-B	0.07	0.00	0.03	0.12	0.01	0.10	0.01	0.17	0.00	0.08	0.07	0.00	0.03
Na-A	0.80	0.77	0.75	0.47	0.69	0.60	0.52	0.51	0.68	0.49	0.57	0.51	0.61
K-A	0.13	0.20	0.14	0.10	0.09	0.14	0.36	0.15	0.20	0.26	0.18	0.28	0.23

岩石类型	过碱质花岗岩									
样品	TH1586		TH1709					TH1715			
点	17	18	1	2	3	4	5	1	2	3	4
SiO_2	41.1	38.0	52.2	50.0	50.0	49.2	48.5	52.0	50.5	51.4	50.9
TiO_2	0.56	3.17	1.78	1.76	1.79	1.21	1.18	4.18	0.66	3.02	0.90
Al_2O_3	12.5	14.3	0.35	0.16	0.17	0.32	0.49	0.19	0.18	0.18	0.20
MnO	0.27	0.22	1.41	0.99	1.05	1.10	1.24	0.43	0.53	0.27	0.28
FeO	18.8	18.4	28.9	34.7	34.8	36.4	36.5	28.2	30.7	29.3	31.2
MgO	8.96	8.24	0.08	0.16	0.14	0.15	0.21	0.02	0.04	0.01	0.02
CaO	12.0	12.0	0.14	0.37	0.37	2.83	3.97	0.41	8.30	2.82	4.47
Na_2O	1.99	2.46	12.2	7.06	7.12	5.01	4.60	12.3	7.98	11.1	10.3
K_2O	0.72	0.48	0.00	1.18	1.24	0.98	1.03	0.02	0.00	0.00	0.00
总计	96.9	97.2	97.1	96.8	97.0	97.3	98.0	97.7	98.9	98.2	98.3

表 5-3（续）

岩石类型			过碱质花岗岩								
样品	TH1586		TH1709					TH1715			
点	17	18	1	2	3	4	5	1	2	3	4
基于 23 个氧原子的离子数											
Si	6.32	5.85	8.27	8.10	8.08	8.03	7.87	8.14	8.00	8.08	8.10
Ti	0.06	0.37	0.21	0.21	0.22	0.15	0.14	0.49	0.08	0.36	0.11
Al	2.26	2.59	0.07	0.03	0.03	0.06	0.09	0.04	0.03	0.03	0.04
Mn^{2+}	0.04	0.03	0.19	0.14	0.14	0.15	0.17	0.06	0.07	0.04	0.04
Fe^{2+}	2.42	2.37	3.83	4.69	4.71	4.96	4.96	3.69	4.07	3.85	4.14
Mg	2.05	1.89	0.02	0.04	0.03	0.04	0.05	0.00	0.01	0.00	0.00
Ca	1.97	1.98	0.02	0.06	0.06	0.50	0.69	0.07	1.41	0.47	0.76
Na	0.59	0.73	3.74	2.21	2.23	1.58	1.45	3.74	2.45	3.39	3.18
K	0.14	0.09	0.00	0.24	0.26	0.20	0.21	0.00	0.00	0.00	0.00
总计	15.9	15.9	16.4	16.1	16.1	15.7	15.9	16.2	16.1	16.2	16.4
基于标准角闪石分子式 $A_{0-1}B_2C_5T_8O_{22}(OH)_2$ 的离子位点											
Si-T	6.24	5.80	8.54	7.97	7.95	7.80	7.70	8.52	8.48	8.50	8.47
Al^{IV}-T	1.76	2.20	0.00	0.03	0.03	0.06	0.09	0.00	0.00	0.00	0.00
Ti-T	0.00	0.00	0.00	0.00	0.02	0.14	0.14	0.00	0.00	0.00	0.00
Al^{VI}-C	0.48	0.37	0.07	0.03	0.03	0.06	0.09	0.04	0.04	0.03	0.04
Ti-C	0.06	0.36	0.22	0.21	0.19	0.00	0.00	0.52	0.08	0.37	0.11
Fe^{3+}-C	0.51	0.34	0.00	1.05	1.05	1.32	1.23	0.00	0.00	0.00	0.00
Mg-C	2.03	1.88	0.02	0.04	0.03	0.03	0.05	0.00	0.01	0.00	0.00
Fe^{2+}-C	1.88	2.01	3.95	3.57	3.58	3.50	3.63	3.86	4.31	4.05	4.33
Mn^{2+}-C	0.03	0.03	0.20	0.13	0.14	0.15	0.10	0.06	0.07	0.04	0.04
Mg-B	0.00	0.00	0.00	0.00	0.00	0.00	0.00	0.00	0.00	0.00	0.00
Fe^{2+}-B	0.00	0.00	0.00	0.00	0.00	0.00	0.00	0.00	0.00	0.00	0.00
Mn^{2+}-B	0.00	0.00	0.00	0.00	0.00	0.00	0.07	0.00	0.00	0.00	0.00
Ca-B	1.95	1.96	0.02	0.06	0.06	0.48	0.67	0.07	1.49	0.50	0.80
Na-B	0.05	0.04	1.98	1.94	1.94	1.52	1.26	1.93	0.51	1.50	1.20
Na-A	0.54	0.69	1.89	0.24	0.26	0.02	0.16	1.99	2.09	2.07	2.12
K-A	0.14	0.09	0.00	0.24	0.25	0.20	0.21	0.00	0.00	0.00	0.00

表 5-3(续)

岩石类型	过碱质花岗岩											
样品	TH1716										TH1719	
点	1	2	3	4	5	6	7	8	9	10	1	2
SiO_2	51.7	49.8	50.3	51.1	50.0	49.2	51.5	48.7	49.1	50.5	52.2	50.6
TiO_2	1.61	1.68	0.57	0.28	0.44	1.07	2.08	1.14	1.16	1.07	1.17	1.76
Al_2O_3	0.30	0.15	0.15	0.31	0.19	0.77	0.19	0.93	0.89	0.15	0.22	0.18
MnO	0.23	1.05	0.52	1.20	0.60	1.23	0.28	1.17	1.39	1.34	0.48	0.68
FeO	31.2	35.1	31.0	30.3	31.0	36.0	29.8	35.9	34.9	34.3	31.3	36.3
MgO	0.04	0.19	0.05	0.93	0.05	0.28	0.04	0.86	1.23	1.41	0.06	0.21
CaO	1.99	0.47	8.67	5.09	9.98	2.39	2.12	3.88	3.98	1.89	0.08	0.44
Na_2O	11.6	6.99	7.87	8.94	7.00	5.07	11.4	4.83	4.60	5.78	12.5	5.82
K_2O	0.00	1.99	0.00	0.05	0.00	1.07	0.00	1.00	0.94	1.50	0.00	1.45
总计	98.9	97.8	99.2	98.1	99.3	97.3	97.5	98.5	98.3	98.2	98.1	97.7
基于 23 个氧原子的离子数												
Si	8.10	8.03	7.97	8.10	7.93	7.98	8.17	7.84	7.88	8.05	8.25	8.13
Ti	0.19	0.20	0.07	0.03	0.05	0.13	0.25	0.14	0.14	0.13	0.14	0.21
Al	0.05	0.03	0.03	0.06	0.03	0.15	0.04	0.18	0.17	0.03	0.04	0.03
Mn^{2+}	0.03	0.14	0.07	0.16	0.08	0.17	0.04	0.16	0.19	0.18	0.06	0.09
Fe^{2+}	4.08	4.73	4.11	4.01	4.12	4.89	3.95	4.83	4.69	4.58	4.14	4.87
Mg	0.01	0.05	0.01	0.22	0.01	0.07	0.01	0.21	0.29	0.34	0.01	0.05
Ca	0.33	0.08	1.47	0.87	1.70	0.42	0.36	0.67	0.68	0.32	0.01	0.08
Na	3.53	2.18	2.42	2.75	2.15	1.60	3.52	1.51	1.43	1.79	3.84	1.81
K	0.00	0.41	0.00	0.01	0.00	0.22	0.00	0.21	0.19	0.31	0.00	0.30
总计	16.5	16.2	16.2	16.2	16.1	15.8	16.3	15.9	15.7	16.0	16.5	15.8
基于标准角闪石分子式 $A_{0-1}B_2C_5T_8O_{22}(OH)_2$ 的离子位点												
Si-T	8.45	7.92	8.45	8.37	8.43	7.75	8.53	7.63	7.67	7.87	8.48	7.89
Al^{IV}-T	0.00	0.03	0.00	0.00	0.00	0.14	0.00	0.17	0.16	0.03	0.00	0.03
Ti-T	0.00	0.05	0.00	0.00	0.00	0.11	0.00	0.13	0.14	0.10	0.00	0.08
Al^{VI}-C	0.06	0.00	0.03	0.06	0.04	0.00	0.04	0.00	0.00	0.00	0.04	0.00
Ti-C	0.20	0.15	0.07	0.03	0.06	0.02	0.26	0.00	0.00	0.02	0.14	0.13
Fe^{3+}-C	0.00	0.99	0.00	0.00	0.00	1.49	0.00	1.30	1.28	1.28	0.00	1.53

表 5-3（续）

岩石类型	过碱质花岗岩											
样品	TH1716										TH1719	
点	1	2	3	4	5	6	7	8	9	10	1	2
Mg-C	0.01	0.05	0.01	0.23	0.01	0.07	0.01	0.20	0.29	0.33	0.01	0.05
Fe^{2+}-C	4.26	3.67	4.36	4.14	4.38	3.26	4.13	3.41	3.28	3.20	4.26	3.20
Mn^{2+}-C	0.03	0.14	0.07	0.17	0.08	0.16	0.04	0.09	0.15	0.18	0.07	0.09
Mg-B	0.00	0.00	0.00	0.00	0.00	0.00	0.00	0.00	0.00	0.00	0.00	0.00
Fe^{2+}-B	0.00	0.00	0.00	0.00	0.00	0.00	0.00	0.00	0.00	0.00	0.00	0.00
Mn^{2+}-B	0.00	0.00	0.00	0.00	0.00	0.00	0.00	0.06	0.03	0.00	0.00	0.00
Ca-B	0.35	0.08	1.56	0.89	1.80	0.40	0.38	0.65	0.67	0.32	0.01	0.07
Na-B	1.65	1.92	0.44	1.11	0.20	1.55	1.62	1.28	1.30	1.68	1.99	1.76
Na-A	2.03	0.24	2.13	1.73	2.09	0.00	2.05	0.18	0.09	0.06	1.96	0.00
K-A	0.00	0.40	0.00	0.01	0.00	0.22	0.00	0.20	0.19	0.30	0.00	0.29

岩石类型	过碱质花岗岩中暗色包体											
样品	TH1719		TH1709								TH1715	
点	3	4	1	2	3	4	5	6	7	8	1	2
SiO_2	51.3	49.6	51.0	50.9	50.7	50.7	51.0	51.0	50.5	50.9	51.1	50.9
TiO_2	0.20	1.50	0.91	0.92	0.42	0.44	0.88	0.85	0.65	1.00	0.24	0.80
Al_2O_3	0.30	0.24	0.13	0.17	0.18	0.21	0.15	0.17	0.21	0.15	0.19	0.18
MnO	0.12	0.95	0.53	0.43	0.60	0.61	0.50	0.41	0.51	0.52	1.41	0.48
FeO	38.9	36.7	29.6	30.0	30.4	30.8	30.5	30.2	30.6	29.8	35.3	30.0
MgO	0.49	0.16	0.23	0.19	0.17	0.17	0.18	0.18	0.16	0.23	1.63	0.32
CaO	0.00	1.63	5.08	4.13	4.01	6.69	5.39	3.77	6.45	5.13	0.22	4.67
Na_2O	6.30	5.80	9.87	10.5	10.2	8.83	9.66	10.5	9.10	10.0	6.11	9.94
K_2O	0.08	1.46	0.10	0.00	0.02	0.01	0.01	0.00	0.00	0.02	0.56	0.00
总计	97.7	98.2	97.5	97.2	96.8	98.5	98.3	97.1	98.2	97.8	96.8	97.4
基于 23 个氧原子的离子数												
Si	8.25	8.02	8.13	8.14	8.17	8.06	8.09	8.16	8.04	8.10	8.23	8.13
Ti	0.02	0.18	0.11	0.11	0.05	0.05	0.10	0.10	0.08	0.12	0.03	0.10
Al	0.06	0.04	0.03	0.03	0.03	0.04	0.03	0.03	0.04	0.03	0.04	0.03
Mn^{2+}	0.02	0.13	0.07	0.06	0.08	0.08	0.07	0.05	0.07	0.07	0.19	0.07

表 5-3(续)

岩石类型			过碱质花岗岩中暗色包体									
样品	TH1719		TH1709								TH1715	
点	3	4	1	2	3	4	5	6	7	8	1	2
Fe^{2+}	5.24	4.96	3.95	4.01	4.09	4.09	4.04	4.04	4.08	3.97	4.77	4.01
Mg	0.12	0.04	0.06	0.04	0.04	0.04	0.04	0.04	0.04	0.05	0.39	0.08
Ca	0.00	0.28	0.87	0.71	0.69	1.14	0.92	0.65	1.10	0.87	0.04	0.80
Na	1.97	1.81	3.05	3.26	3.19	2.72	2.97	3.27	2.81	3.09	1.91	3.08
K	0.02	0.30	0.02	0.00	0.00	0.00	0.00	0.00	0.00	0.00	0.12	0.00
总计	15.7	15.9	16.3	16.4	16.4	16.2	16.3	16.4	16.3	16.3	15.7	16.3
基于标准角闪石分子式 $A_{0-1}B_2C_5T_8O_{22}(OH)_2$ 的离子位点												
Si-T	7.82	7.80	8.56	8.54	8.51	8.47	8.50	8.53	8.47	8.53	7.84	8.52
Al^{IV}-T	0.05	0.04	0.00	0.00	0.00	0.00	0.00	0.00	0.00	0.00	0.03	0.00
Ti-T	0.02	0.16	0.00	0.00	0.00	0.00	0.00	0.00	0.00	0.00	0.03	0.00
Al^{VI}-C	0.00	0.00	0.03	0.03	0.04	0.04	0.03	0.03	0.04	0.03	0.00	0.04
Ti-C	0.00	0.02	0.11	0.12	0.12	0.06	0.11	0.11	0.08	0.13	0.00	0.10
Fe^{3+}-C	2.24	1.37	0.00	0.00	0.00	0.00	0.00	0.00	0.00	0.00	2.11	0.00
Mg-C	0.11	0.04	0.06	0.05	0.04	0.04	0.04	0.05	0.04	0.06	0.37	0.08
Fe^{2+}-C	2.65	3.45	4.16	4.21	4.27	4.30	4.24	4.23	4.29	4.18	2.43	4.20
Mn^{2+}-C	0.00	0.13	0.08	0.06	0.09	0.09	0.07	0.06	0.07	0.07	0.09	0.07
Mg-B	0.00	0.00	0.00	0.00	0.00	0.00	0.00	0.00	0.00	0.00	0.00	0.00
Fe^{2+}-B	0.08											
Mn^{2+}-B	0.02	0.00									0.09	0.00
Ca-B	0.00	0.27	0.91	0.74	0.72	1.20	0.96	0.68	1.16	0.92	0.04	0.84
Na-B	1.86	1.73	1.09	1.26	1.28	0.80	1.04	1.32	0.84	1.08	1.82	1.16
Na-A	0.00	0.04	2.13	2.16	2.05	2.06	2.08	2.09	2.12	2.17	0.00	2.06
K-A	0.01	0.29	0.02	0.00	0.00	0.00	0.00	0.00	0.00	0.00	0.11	0.00

岩石类型			过碱质花岗岩中暗色包体											
样品	TH1715						TH1716							
点	3	4	5	6	7	8	1	2	3	4	5	6	7	8
SiO_2	51.6	50.6	51.2	50.2	51.0	51.2	50.3	51.2	50.9	51.0	51.3	50.9	51.2	51.1
TiO_2	0.77	0.85	0.98	1.01	0.94	1.51	0.42	0.96	1.11	1.14	0.71	0.38	1.07	1.15

表 5-3(续)

岩石类型	过碱质花岗岩中暗色包体													
样品	TH1715						TH1716							
点	3	4	5	6	7	8	1	2	3	4	5	6	7	8
Al_2O_3	0.33	0.11	0.22	0.21	0.14	0.12	0.23	0.23	0.15	0.13	0.20	0.23	0.19	0.23
MnO	0.18	0.61	0.47	1.30	0.58	0.40	0.59	0.39	0.48	0.51	0.33	0.54	0.46	0.41
FeO	30.6	29.9	30.2	33.6	29.3	29.6	30.6	30.5	30.2	29.5	30.9	30.6	30.6	30.2
MgO	0.41	0.29	0.27	1.62	0.28	0.14	0.12	0.19	0.20	0.18	0.14	0.27	0.17	0.15
CaO	1.40	7.18	4.86	1.93	6.04	0.46	8.50	4.03	5.22	4.06	2.41	6.25	3.64	4.12
Na_2O	11.9	8.94	9.73	6.97	9.17	11.9	8.07	10.6	9.94	10.3	11.6	9.19	10.6	10.4
K_2O	0.00	0.02	0.00	1.75	0.00	0.03	0.00	0.00	0.00	0.04	0.02	0.00	0.01	0.03
总计	97.4	98.5	97.9	99.1	97.5	95.3	98.8	98.1	98.2	96.9	97.6	98.4	97.9	97.7
基于 23 个氧原子的离子数														
Si	8.18	8.02	8.12	7.94	8.12	8.28	7.99	8.13	8.08	8.16	8.18	8.08	8.13	8.13
Ti	0.09	0.10	0.12	0.12	0.11	0.18	0.05	0.11	0.13	0.14	0.09	0.05	0.13	0.14
Al	0.06	0.02	0.04	0.04	0.03	0.02	0.04	0.04	0.03	0.02	0.04	0.04	0.03	0.04
Mn^{2+}	0.02	0.08	0.06	0.17	0.08	0.05	0.08	0.05	0.07	0.07	0.04	0.07	0.06	0.06
Fe^{2+}	4.06	3.97	4.01	4.44	3.90	4.00	4.07	4.04	4.01	3.96	4.12	4.06	4.07	4.01
Mg	0.10	0.07	0.06	0.38	0.07	0.03	0.03	0.04	0.05	0.04	0.03	0.06	0.04	0.04
Ca	0.24	1.22	0.83	0.33	1.03	0.08	1.45	0.69	0.89	0.70	0.41	1.06	0.62	0.70
Na	3.67	2.75	2.99	2.14	2.83	3.74	2.49	3.25	3.06	3.21	3.59	2.83	3.26	3.19
K	0.00	0.00	0.00	0.35	0.00	0.01	0.00	0.00	0.00	0.01	0.00	0.00	0.00	0.01
总计	16.6	16.2	16.2	16.4	16.2	16.4	16.2	16.4	16.3	16.3	16.5	16.3	16.3	16.3
基于标准角闪石分子式 $A_{0-1}B_2C_5T_8O_{22}(OH)_2$ 的离子位点														
Si-T	8.50	8.50	8.50	7.88	8.57	8.56	8.47	8.50	8.49	8.56	8.51	8.49	8.48	8.51
Al^{IV}-T	0.00	0.00	0.00	0.04	0.00	0.00	0.00	0.00	0.00	0.00	0.00	0.00	0.00	0.00
Ti-T	0.00	0.00	0.00	0.08	0.00	0.00	0.00	0.00	0.00	0.00	0.00	0.00	0.00	0.00
Al^{VI}-C	0.06	0.02	0.04	0.00	0.03	0.02	0.05	0.05	0.03	0.03	0.04	0.05	0.04	0.04
Ti-C	0.10	0.11	0.12	0.04	0.12	0.19	0.05	0.12	0.14	0.14	0.09	0.05	0.13	0.14
Fe^{3+}-C	0.00	0.00	0.00	0.83	0.00	0.00	0.00	0.00	0.00	0.00	0.00	0.00	0.00	0.00
Mg-C	0.10	0.07	0.07	0.38	0.07	0.03	0.03	0.04	0.05	0.04	0.04	0.07	0.04	0.04
Fe^{2+}-C	4.22	4.20	4.20	3.58	4.12	4.14	4.31	4.23	4.22	4.15	4.28	4.27	4.24	4.20

表 5-3(续)

岩石类型	过碱质花岗岩中暗色包体													
样品	TH1715						TH1716							
点	3	4	5	6	7	8	1	2	3	4	5	6	7	8
Mn^{2+}-C	0.02	0.09	0.07	0.17	0.08	0.06	0.08	0.05	0.07	0.07	0.05	0.08	0.06	0.06
Mg-B	0.00	0.00	0.00	0.00	0.00	0.00	0.00	0.00	0.00	0.00	0.00	0.00	0.00	0.00
Fe^{2+}-B	0.00	0.00	0.00	0.00	0.00	0.00	0.00	0.00	0.00	0.00	0.00	0.00	0.00	0.00
Mn^{2+}-B	0.00	0.00	0.00	0.00	0.00	0.00	0.00	0.00	0.00	0.00	0.00	0.00	0.00	0.00
Ca-B	0.25	1.29	0.87	0.33	1.09	0.08	1.53	0.72	0.93	0.73	0.43	1.12	0.65	0.74
Na-B	1.75	0.71	1.13	1.67	0.91	1.92	0.47	1.28	1.07	1.27	1.57	0.88	1.35	1.26
Na-A	2.06	2.21	2.00	0.45	2.08	1.95	2.17	2.12	2.15	2.10	2.16	2.09	2.05	2.08
K-A	0.00	0.00	0.00	0.35	0.00	0.01	0.00	0.00	0.00	0.00	0.00	0.00	0.00	0.01

岩石类型	过碱质花岗岩中暗色包体													
样品	TH1716		TH1719											
点	9	10	1	2	3	4	5	6	7	8	9	10	11	12
SiO_2	51.3	50.5	51.6	50.7	50.6	50.8	51.0	50.8	51.0	49.3	50.7	50.5	51.0	50.5
TiO_2	1.05	0.69	1.13	0.72	0.53	0.75	0.78	0.74	0.66	0.86	1.16	1.13	1.06	0.74
Al_2O_3	0.24	0.19	0.17	0.16	0.23	0.20	0.24	0.19	0.16	0.60	0.16	0.14	0.17	0.15
MnO	0.41	0.49	0.34	1.04	1.19	1.18	0.29	0.31	0.32	1.32	0.33	0.37	0.30	0.41
FeO	30.5	30.8	29.9	33.5	32.4	32.3	30.2	30.7	31.3	32.2	30.6	30.7	30.7	30.8
MgO	0.15	0.12	0.23	2.23	2.42	2.52	0.23	0.08	0.12	2.30	0.04	0.03	0.04	0.03
CaO	4.44	7.63	3.67	1.42	2.09	0.64	3.82	4.21	4.35	2.93	4.49	4.96	3.83	6.61
Na_2O	10.0	8.47	10.1	5.65	6.36	5.88	10.5	10.3	10.3	6.25	10.3	9.83	10.7	9.18
K_2O	0.00	0.03	0.01	1.17	1.24	1.44	0.02	0.01	0.00	1.46	0.02	0.02	0.03	0.04
总计	98.2	99.0	97.2	96.9	97.7	96.1	97.0	97.6	98.4	97.8	97.9	97.7	97.9	98.5
基于 23 个氧原子的离子数														
Si	8.13	8.00	8.21	8.12	8.03	8.16	8.17	8.10	8.08	7.85	8.06	8.07	8.12	8.04
Ti	0.13	0.08	0.13	0.09	0.06	0.09	0.09	0.09	0.08	0.10	0.14	0.14	0.13	0.09
Al	0.04	0.04	0.03	0.03	0.04	0.04	0.05	0.04	0.03	0.11	0.03	0.03	0.03	0.03
Mn^{2+}	0.06	0.07	0.05	0.14	0.16	0.16	0.04	0.04	0.04	0.18	0.04	0.05	0.04	0.05
Fe^{2+}	4.04	4.08	3.97	4.50	4.30	4.34	4.04	4.10	4.15	4.29	4.06	4.10	4.09	4.10
Mg	0.04	0.03	0.05	0.53	0.57	0.60	0.06	0.02	0.03	0.55	0.01	0.01	0.01	0.01

岩石类型	过碱质花岗岩中暗色包体												
样品	TH1716		TH1719										
点	9	10	1	2	3	4	5	6	7	8	9	10	11	12
Ca	0.75	1.29	0.62	0.24	0.35	0.11	0.65	0.72	0.74	0.50	0.77	0.85	0.65	1.13
Na	3.07	2.60	3.13	1.75	1.96	1.83	3.25	3.19	3.15	1.93	3.16	3.05	3.31	2.83
K	0.00	0.01	0.00	0.24	0.25	0.29	0.00	0.00	0.00	0.30	0.00	0.00	0.01	0.01
总计	16.3	16.2	16.2	15.9	16.2	15.9	16.3	16.5	16.5	16.4	16.5	16.3	16.4	16.3

基于标准角闪石分子式 $A_{0-1}B_2C_5T_8O_{22}(OH)_2$ 的离子位点

Si-T	8.50	8.46	8.57	7.87	7.92	7.92	8.53	8.50	8.47	7.80	8.49	8.47	8.50	8.48
Al^{IV}-T	0.00	0.00	0.00	0.03	0.04	0.04	0.00	0.00	0.00	0.11	0.00	0.00	0.00	0.00
Ti-T	0.00	0.00	0.00	0.08	0.04	0.04	0.00	0.00	0.00	0.09	0.00	0.00	0.00	0.00
Al^{VI}-C	0.05	0.04	0.03	0.00	0.00	0.00	0.05	0.04	0.03	0.00	0.03	0.03	0.03	0.03
Ti-C	0.13	0.09	0.14	0.00	0.03	0.04	0.10	0.09	0.08	0.01	0.15	0.14	0.13	0.09
Fe^{3+}-C	0.00	0.00	0.00	1.60	1.09	1.62	0.00	0.00	0.00	0.87	0.00	0.00	0.00	0.00
Mg-C	0.04	0.03	0.06	0.52	0.56	0.59	0.06	0.02	0.03	0.54	0.01	0.01	0.01	0.01
Fe^{2+}-C	4.23	4.31	4.15	2.76	3.16	2.60	4.22	4.30	4.35	3.40	4.28	4.30	4.28	4.33
Mn^{2+}-C	0.06	0.07	0.05	0.12	0.16	0.16	0.04	0.04	0.04	0.18	0.05	0.05	0.04	0.06
Mg-B	0.00	0.00	0.00	0.00	0.00	0.00	0.00	0.00	0.00	0.00	0.00	0.00	0.00	0.00
Fe^{2+}-B	0.00	0.00	0.00	0.00	0.00	0.00	0.00	0.00	0.00	0.00	0.00	0.00	0.00	0.00
Mn^{2+}-B	0.00	0.00	0.00	0.01	0.00	0.00	0.00	0.00	0.00	0.00	0.00	0.00	0.00	0.00
Ca-B	0.79	1.37	0.65	0.24	0.35	0.11	0.68	0.75	0.77	0.50	0.81	0.89	0.68	1.19
Na-B	1.21	0.63	1.35	1.70	1.65	1.78	1.32	1.25	1.23	1.50	1.19	1.11	1.32	0.81
Na-A	2.00	2.12	1.92	0.00	0.28	0.00	2.08	2.11	2.07	0.42	2.14	2.09	2.15	2.18
K-A	0.00	0.01	0.00	0.23	0.25	0.29	0.00	0.00	0.00	0.29	0.01	0.00	0.01	0.01

第四节 讨 论

一、岩浆演化过程中发生了不混溶作用

太和层状岩体磷灰石中熔体包裹体的成分变化范围很大,这种变化可能是由分离结晶作用或者岩浆不混溶作用引起。为了检验分离结晶作用的可能性,我们使用 MELTS 软件模拟了太和层状岩体可能的液相下降线(Liquid Line of Descent,LLD)。攀西地区含钒钛磁铁矿的层状岩体被认为代表了与峨眉山高钛玄武岩或高钛苦橄岩相对应的侵入岩(Hou et al.,2012;Zhou et al.,2013;Wang et al.,2014),因而我们选择了 4 个峨眉山高钛系列的熔岩作为太和层状岩体的母岩浆,这 4 个成分分别为丽江苦橄岩 DJ-2(Zhang et al.,2006)、二滩玄武岩 EM-78(Xu et al.,2001)、宾川玄武岩 WL17-20(Xiao et al.,2004a)和越南北部 SongDa 玄武岩 HK-43(Wang et al.,2007)。模拟条件中,水含量设置为 0.1 wt.%或 1.0 wt.%;氧逸度设置为 QFM－1、QFM 或 QFM＋1;压力设置为 2 kbar 或 5 kbar。这多种组合条件下进行的 MELTS 模拟计算结果表明,以二滩玄武岩 EM-78 和丽江苦橄岩 DJ-2 作为初始成分时,岩浆在演化至磁铁矿饱和之前会有一个 FeO_t 富集、SiO_2 亏损的阶段;磁铁矿饱和之后,残余熔体的成分转至 FeO_t 亏损、SiO_2 富集的方向[图 5-8(a)]。在水含量为 0.1 wt.%、氧逸度为 QFM－1、压力为 5 kbar 的条件下,丽江苦橄质岩浆(DJ-2)经分离结晶作用,可以生成极富 Fe 的熔体(24.5 wt.%的 FeO_t 和 47.5 wt.%的 SiO_2)。以宾川玄武岩和 SongDa 玄武岩为母岩浆的模拟计算结果显示,整个岩浆演化序列一直朝向 FeO_t 亏损、SiO_2 富集的方向[图 5-8(a)]。可见,在合理的初始成分、水含量、氧逸度和压力条件下,分离结晶作用难以产生 SiO_2 含量低于 40 wt.%的熔体成分[图5-8(a)]。对于太和辉长岩磷灰石中记录的这些富 Fe 贫 Si 的熔体包裹体(FeO 含量大于 10 wt.%且 SiO_2 含量小于 40 wt.%),唯一可能的解释是其代表

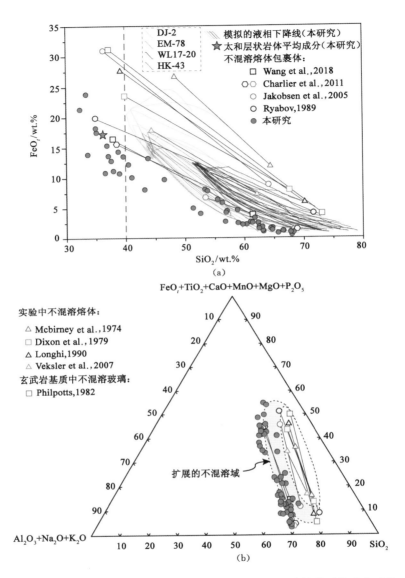

图 5-8　太和层状岩体磷灰石中熔体包裹体与不混溶熔体对的成分对比

（a）FeO$_t$ 与 SiO$_2$ 的协变关系，太和岩体的液相下降线模拟基于 MELTS 算法；

（b）［（FeO$_t$＋TiO$_2$＋CaO＋MnO＋MgO＋P$_2$O$_5$）-（Al$_2$O$_3$＋Na$_2$O＋K$_2$O）-P$_2$O$_5$］拟三元

Greig 图解，灰色区域为白榴石-铁橄榄石-石英体系中的不混溶域（Roedder，1951），桃色区域为

天然岩浆不混溶域扩展方向

了不混溶的富 Fe 熔体。如果是这样的话,那些富 Si 熔体包裹体可能也是不混溶作用的产物,代表了与富 Fe 熔体共轭的富 Si 端元。磷灰石中熔体包裹体成分较大的变化范围可能指示了其记录的不是某一个时刻的熔体成分,而是在一个温度范围段之内演化的熔体成分(Fischer et al.,2016;Wang et al.,2018)。

在(FeO$_t$ + TiO$_2$ + CaO + MnO + MgO + P$_2$O$_5$)-(Al$_2$O$_3$ + Na$_2$O + K$_2$O)-P$_2$O$_5$ 拟三元 Greig 图解[图 5-8(b)]中,太和辉长岩磷灰石中的熔体包裹体成分落在了白榴石-铁橄榄石-石英体系的不混溶域(Roedder,1951)附近,其展布趋势与实验岩石学(Mcbirney et al.,1974;Dixon et al.,1979;Longhi,1990;Veksler et al.,2007)和天然样品(Philpotts,1982;Ryabov,1989;Charlier et al.,2011;Wang et al.,2018)中的不混溶熔体对的连线相互平行。已有研究表明,相对于白榴石-铁橄榄石-石英体系,天然玄武岩浆体系(尤其是富 Fe、Ti 和 P 的体系)中的不混溶域范围会向着拟三元 Greig 图解的富 Al 和碱的方向扩展(Freestone,1978;Visser et al.,1979;Eby,1981;Naslund,1983;Rajesh,2003)。太和磷灰石中熔体包裹体成分符合这一扩展趋势,且与攀枝花和 Sept Iles 岩体中不混溶的包裹体成分分布基本重合(Charlier et al.,2011;Wang et al.,2018)。

二、贫 Si、富 Fe 的总体成分

关于太和层状岩体,一个广为接受的认识是它具有贫 Si、富 Fe 的总体成分,通常用峨眉山高钛玄武岩或者高钛苦橄岩来近似代表其母岩浆成分(Hou et al.,2012;She et al.,2014,2015;Bai et al.,2016)。对于封闭岩浆体系来说,母岩浆成分等价于岩体的总体成分,这种对应关系不受复杂的岩浆房过程影响。然而,对于开放体系来说,现今已固结的岩体总体成分将不能直接反映母岩浆成分。

基于各岩相带平均成分及各岩相带出露面积,Hou 等(2012)估算了太和层状岩体的平均成分为 43.1 wt.% SiO$_2$、4.1 wt.% TiO$_2$、14.1 wt.% FeO、0.5 wt.% P$_2$O$_5$(表 5-4)。因为矿体作为岩体的一部分未被纳

表 5-4　大和层状岩体和其他富 Fe 岩浆的成分

单位:wt. %

	Taihe[1]	Taihe[2]	High-Ti picrite[3]	High-Ti basalt[4]	High-Ti basalt[5]	High-Ti basalt[6]	Bushveld[7]	Skaergaard[8]	Sept Iles[9]	East Greenland lava[10]	Pechenga[11]
SiO_2	36.20	43.10	44.47	44.37	50.55	49.62	49.79	48.82	48.53	47.90	46.50
TiO_2	4.78	4.10	2.35	3.15	4.58	3.89	0.82	2.24	2.82	4.40	2.29
Al_2O_3	13.47	15.50	11.15	14.95	12.28	12.86	15.82	14.42	14.67	12.50	10.10
FeO_t	17.24	14.13	11.09	13.91	12.07	12.10	11.71	12.13	14.50	14.31	14.04
MnO	0.19			0.20	0.18	0.13		0.18	0.21		
MgO	7.10	5.40	14.78	7.27	4.48	3.48	6.14	6.06	5.65	5.49	14.80
CaO	13.53	12.20	11.38	10.78	6.77	5.89	10.93	12.57	9.79	10.00	8.62
Na_2O	1.62	2.60	1.89	2.26	3.63	4.54	2.97	3.01	2.63	2.72	0.40
K_2O	0.44	0.50	0.08	1.23	1.74	2.45	0.25	0.38	0.77	0.64	1.03
P_2O_5	1.09	0.50	0.34	0.34	0.47	0.59	0.07	0.20	0.82	0.45	0.21
Mg#	42.57	40.76	70.58	48.47	40.05	34.11	48.56	47.35	41.22	40.85	65.49

注:1. 大和层状岩体(含矿体)平均成分(本研究);2. 大和层状岩体(不含矿体)平均成分(Hou et al.,2012);3. 丽江地区峨眉山高铁苦橄岩(DJ-2)(Zhang et al.,2006);4. 二滩地区峨眉山高铁玄武岩(EM-78)(Xu et al.,2001);5. 宾川地区峨眉山高铁玄武岩(WL17-20)(Xiao et al.,2004a);6. Song Da 地区峨眉山高铁玄武岩(Wang et al.,2007);7. Bushveld 岩体 UUMZ 带母岩浆成分;8. Skaergaard 岩体母岩浆成分(Jakonbsen et al.,2011);9. Sept Iles 岩体母岩浆成分(Namur et al.,2010);10. East Greenland 第三纪铁质玄武熔岩平均成分;11. 芬兰 Pechenga 铁镁质苦橄岩平均成分。Mg# 值为 100 × molar Mg/(Mg+Fe)。

入计算之中,这个估算可能低估了太和层状岩体的富 Fe 程度。层状岩体最典型的特征是发育火成层理,火成层理在横向上具有大面积的延展性,同一层在横向上不同位置具有相对一致的厚度及成分,因而通过层状岩体在垂向上的岩性剖面来估算岩体的总体成分是一个很好的方法。根据前人研究中报道的太和岩性柱子不同层位岩石样品的化学成分及对应的层厚(张云湘 等,1988;Hou et al.,2012;She et al.,2014),我们采用加权平均法估算了太和岩体的总体成分为 36.2 wt.% SiO_2、4.78 wt.% TiO_2、17.2 wt.% FeO、1.09 wt.% P_2O_5(表 5-4)。这个估算结果比 Hou 等(2012)给出的成分更加地富 Fe、Ti 而贫 Si,可能更接近太和层状岩体的总体成分。

那么,这个成分是否反映了太和层状岩体的母岩浆成分? 如果是,如此富 Fe、Ti 而贫 Si 的岩浆是如何生成的? 尽管很多铁质玄武岩都显示出富 Fe、Ti 的特征,但是既富 Fe、Ti 又贫 Si 的岩浆在地球玄武岩及其衍生岩浆中是极少见的(Yoder et al.,1962;Kushiro,1979)。

Hou 等(2011,2012)提出,太和层岩体富 Fe、Ti 而贫 Si 的母岩浆是峨眉山地幔柱与含榴辉岩的岩石圈地幔相互作用的产物。虽然榴辉岩组分部分熔融可以生成铁苦橄质熔体,但是根据我们的估算,太和岩体的总体成分远比峨眉山铁质苦橄岩富 Fe 而贫 Si(表 5-4),因而这种成分能否由含榴辉岩组分的岩石圈地幔部分熔融生成依然存在疑问。此外,我们根据 Bottinga 等(1970)的方法,估算出太和岩体极度富 Fe 熔体在 1 300 ℃时的密度为 2.96 g/cm³,远大于大陆地壳平均密度(2.75g/cm³)(Armstrong,1991)。即使含榴辉岩组分的岩石圈地幔部分熔融可以生成富 Fe 的熔体,其也很难上升到浅部地壳。

此外,除了富 Fe、Ti 而贫 Si 之外,太和层状岩体还有一个重要的特征就是富 P,同样很难用含榴辉岩组分的地幔部分熔融来解释。因而,我们认为太和层状岩体的母岩浆成分可能确实比较富 Fe 而贫 Si,但是并没有达到我们估算的太和岩体总体成分这个程度。现今的太和层状岩体只是其母岩浆经过强烈分异而保留下来的一部分,还有一部分富 Si 组分逃离了层状岩体。

三、丢失的富 Si 组分及其去向

在前面的分析中,我们认为有富 Si 组分从太和层状岩体中逃离,但丢失的富 Si 熔体去了哪里是一个需要回答的问题。搞清富 Si 组分如何丢失及其去向对于理解太和层状岩体的演化及铁钛氧化物的富集成矿过程非常重要。

太和层状岩体形成于(259±3) Ma(She et al.,2014),在其周围分布着大量(261±2) Ma 的过碱性 A 型花岗岩(Xu et al.,2008),二者年龄在误差范围内一致。此外,这些长英质岩石具有与太和辉长岩一致的Sr-Nd同位素组成,表明其母岩浆来自同一源区(Shellnutt et al.,2007;Zhou et al.,2013)。因而,有观点认为太和层状岩体与毗邻的长英质岩石是在同一个岩浆过程中生成的,分别代表了峨眉山高钛玄武质岩浆在浅部岩浆房分异的早期产物和晚期产物(Shellnutt et al.,2009,2010)。考虑到质量平衡,这种可能性很低,因为毗邻的过碱性 A 型花岗岩出露面积至少是层状岩体出露面积的 4 倍以上(钟宏 等,2009),而玄武质岩浆分异可以生成的长英质熔体通常仅为母岩浆的 5%～10%(Veksler et al.,2009;Van Tongeren et al.,2010;Namur et al.,2011)。

如果与太和层状岩体毗邻的过碱性 A 型花岗岩不能代表丢失的富Si 组分,那么富 Si 组分是否可能在断层、褶皱、隆升剥蚀、岩浆侵入等过程中丢失? 大规模的平行于火成层理的断层可以将层状岩体顶部富 Si组分剥离,在太和层状岩体中发育有南北向、北西-南东向和北东-南西向几组断层,但是这些断层都是小规模的切割岩性层的断层,并没有发育平行于岩性层的大规模断裂。褶皱作用可能引起地质体各部位不同程度的出露或剥蚀,但不会导致层状岩体在垂直于层理方向上组分的丢失(Wilson et al.,1994)。

此外,太和层状岩体火成岩性层平直,并无褶皱发育。区域隆升导致太和层状岩体顶部剥蚀这种模式也不太可能,因为太和层状岩体被同期的过碱性 A 型花岗岩完全包围,现今看到的层状岩体的顶底围岩都是同期的花岗岩,夹在其中的层状岩体顶部难以遭受后期的完全剥蚀。

我们认为最有可能的解释是,富 Si 组分在同期的过碱性 A 型花岗岩浆侵位过程中发生了丢失。在这种情形下,太和层状岩体岩浆房顶部的富 Si 残余熔体被侵位的花岗质岩浆排出岩浆房,并很有可能混入花岗岩浆之中。

在毗邻太和层状岩体的过碱性 A 型花岗岩体中,常可以见到细粒的暗色包体。虽然暗色包体在 I 型和 S 型花岗岩中很常见,但是在过碱性 A 型花岗岩中却是很少见的(Barbarin,1999)。之前有观点认为,太和层状岩体过碱性 A 型花岗岩体中的暗色包体代表了高钛玄武质岩浆分异从辉长岩到花岗岩过程中的中间产物(Shellnutt et al.,2010)。前已述及,这种演化关系从质量平衡的角度来说难以成立。如果不考虑质量平衡,仅从矿物成分演化的角度出发来看,从太和辉长岩到暗色包体再到过碱性花岗岩,其所含角闪石的 Mg(apfu)显示出逐渐降低的趋势[图 5-9(a)],这一点与岩浆分离结晶演化趋势相一致。但是,在 Ca/(Ca+Na+K)(apfu)与 Si(apfu)的成分协变图解上,角闪石成分具有明显的间断[图 5-9(b)],也即在辉长岩和磷灰石的包裹体中为钙质角闪石在花岗岩和暗色包体中为钠钙质-钠质角闪石,这与连续的分离结晶演化过程不一致。此外,过碱性 A 型花岗岩中发育的暗色包体具有细粒结构、椭圆状外形,反映其更可能是被卷入宿主花岗岩之中的岩浆包体,而非同岩浆过程的早期析离体。这与前述的观点,即层状岩体的富 Si 熔体丢失事件与同期但稍晚的花岗质岩浆就位过程有关相一致。已有研究表明,钠钙质和钠质角闪石仅在岩浆晚期低温、富挥发分的情况下才能稳定存在(Charles,1975,1977;Ferguson,1978;Giret et al.,1980)。由于太和层状岩体过碱性 A 型花岗岩具有很高的 F 含量[(1.1±0.1)wt.%](Shellnutt et al.,2011),层状岩体顶部的富 Si 熔体在被卷入其中后,挥发分含量将会显著升高,而温度将会显著降低,这可以较好地解释包体岩浆中钠钙质角闪石的结晶[图 5-9(b)]。

因此,我们认为太和层状岩体中丢失的富 Si 熔体可能形成了与其毗邻的过碱性 A 型花岗岩中的酸性暗色包体。

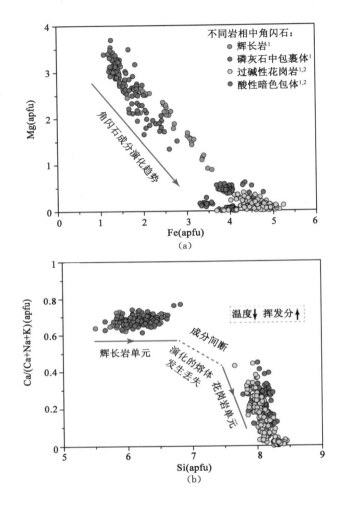

1—本研究;2—Shellnutt et al.,2011。

图 5-9　角闪石成分协变图解

(a) Mg 与 Fe 协变关系,apfu 表示每单位分子式中对应原子个数;

(b) Ca/(Ca+Na+K)与 Si 协变关系

四、太和层状岩体的岩浆房过程

在大多数情况下,层状岩体中的堆晶岩石由初始的晶粥缓慢固结而形成(Marsh,2006;Humphreys,2011;Holness et al.,2013)。主晶矿物在晶粥层(由早先结晶的主晶矿物和粒间熔体组成)与主岩浆(无晶体相)交界的部位不断生成,随后被俘获入晶粥之中,结晶锋缘位置如此往复地在岩浆房中不断向上推移(Namur et al.,2018)。虽然晶粥层的厚度(即完全固结的堆晶层与无晶体的主岩浆之间所夹部分的垂直厚度)及其固结时间存在很大争议(Holness et al.,2017),但晶粥的初始孔隙度通常被认为是比较高的($\varphi=0.4\sim0.7$)(Irvine,1980;Philpotts et al.,1998;Jerram et al.,2003)。

根据前面的分析,我们知道太和层状岩体岩浆演化过程中发生了不混溶作用。那么,不混溶作用是发生于粒间熔体还是发生于主岩浆之中?如果发生于主岩浆之中,两相熔体的大规模分离将会导致岩浆房生成下部的富 Fe 岩浆层和上部的富 Si 岩浆层(Van Tongeren et al.,2012)。在这种情形下,从太和层状岩体中丢失的富 Si 熔体最有可能是汇聚于岩浆房顶部的不混溶富 Si 熔体。然而,相比于层状岩体磷灰石中的不混溶富 Si 熔体,过碱性 A 型花岗岩中的酸性包体虽然具有相近的 Na_2O+K_2O 含量,但具有明显更高的 $FeO+TiO_2$ 含量(图 5-10)。即使考虑到不混溶富 Si 熔体成分被宿主花岗岩浆混合改造,也不太好解释这种成分不一致现象,因为简单的岩浆混合应导致所有主量元素展示出一致的线性相关性,而不会仅显著影响部分元素却对其他元素影响很小。因此,我们认为太和岩浆房的不混溶作用发生于晶粥层的粒间熔体中,与加拿大 Sept Iles 岩体、丹麦格陵兰岛 Skaergaard 岩体和南非 Bushveld 杂岩体中的不混溶作用过程类似(Charlier et al.,2011;Fischer et al.,2016;Namur et al.,2018)。

随着晶粥层在岩浆房中的位置逐渐向上推移,不混溶作用也随之在粒间熔体中不断地被触发,粒间熔体转变为由连续的富 Fe 熔体和分散于其中的富 Si 熔体珠滴组成的乳状岩浆体系[图 5-11(a)]。由于密度差异和压实作用,富 Si 熔体珠滴将会向上迁移,富 Fe 熔体在下部汇聚。不混溶相的分离将极大地影响粒间熔体的固结过程,并导致大量铁钛氧化物从粒间富 Fe 熔体中结晶出来,形成厚层的富矿堆晶层[图 5-11(b)](Humphreys,2011;Wang et al.,2018;Holness et al.,2017;Namur

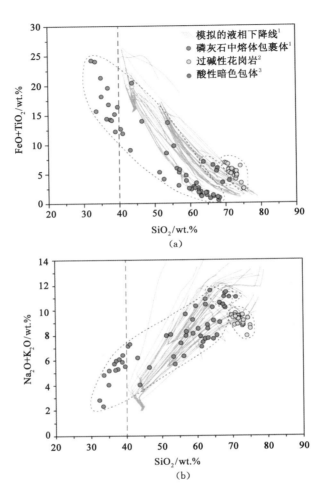

数据来源:1—本研究;2—Shellnutt et al.,2010;3—Shellnutt et al.,2007。

灰色线条代表用 MELTS 软件模拟的太和层状岩体液相下降线,模拟的条件与图 5-8 一致。

图 5-10 太和层状岩体磷灰石中熔体包裹体成分与毗邻的过
碱性花岗岩及其酸性包体成分比较

et al.,2018)。向上迁移的不混溶富 Si 熔体随之与主岩浆发生混合,并使主岩浆成分不断地发生变化。因而,最终的堆晶层之上演化的残余熔体是在分离结晶作用和不混溶作用共同影响之下生成的。随后,过碱性

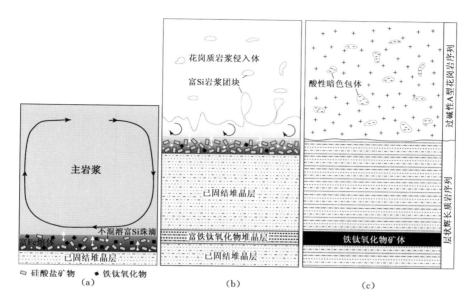

图 5-11　太和层状岩体岩浆房演化及残余富 Si 熔体丢失示意图

A 型花岗质岩浆在未完全固结的太和层状岩体岩浆房附近不断地侵入就位,岩浆房顶部的残余熔体被以接触剪切式地卷入流动的花岗质岩浆之中形成包体[图 5-11(b)]。在这个过程中,残余熔体与花岗质岩浆之间也不可避免地会发生一定的成分交换。最终,太和辉长质和花岗质岩浆单元完全固结,就形成了现今的含有大型钒钛磁铁矿矿床的太和层状岩体和与之毗邻的含酸性包体的过碱性 A 型花岗岩体[图 5-11(c)]。

第五节　本 章 小 结

太和层状岩体的磷灰石记录了成分变化范围很大的熔体包裹体,这种现象不能用分离结晶作用解释,反映了岩浆演化过程中发生了粒间熔体不混溶作用。受晶粥层顶部的结晶扣除作用和粒间不混溶富 Si 熔体的混合添加作用的叠加效应控制,主岩浆成分不断地演化。在太和层状岩体岩浆房未完全固结的情形下,已固结堆晶层之上的残余熔体被连续侵位的过碱性 A 型花岗质岩浆卷入其中,形成了毗邻的花岗岩体中的酸性包体。岩浆不混溶作用及两相熔体的分离促进了成矿元素 Fe 和 Ti 在岩浆房下部的富集,导致了太和大型铁钛氧化物矿床的形成。

第六章　红格层状岩体岩浆演化过程

第一节　野外地质特征

红格岩体西距著名的攀枝花岩体约 24 km，呈岩盆状，由多个层状小岩体串联组成。岩体宽 3～6 km，沿北北东方向延伸 16 km，出露面积达 60 km² (四川省地质矿产局攀西地质大队，1987)。岩体不同部位厚度变化较大，从 580 m 到 2.7 km 不等(四川省地质矿产局攀西地质大队，1987)。岩体侵入新元古代康定杂岩和震旦系灯影组白云质灰岩，东部与峨眉山玄武岩接触，东南部与中生代花岗岩接触。一系列的南北、北东和北西向断裂切穿岩体，并局部错动火成层理(图 6-1，见下页)。不同规模、形态的同时期正长岩脉、花斑岩脉、辉绿岩脉在岩体中大量发育。

第二节　岩相学特征

根据岩石中的矿物组合和结构构造，红格岩体自下而上可分为三个相带：下部橄辉岩带(LOZ)、中部单斜辉石岩带(MCZ)和上部辉长岩带(UGZ)(Zhong et al.，2002；Wang et al.，2013)。下部带厚 24～690 m，由中细粒橄榄单斜辉石岩、单斜辉石岩以及少量异剥橄榄岩和纯橄岩组成。这些岩石中的主要矿物为橄榄石、单斜辉石和铁钛氧化物，此外还含有少量的铬铁矿、角闪石和斜长石。铁钛氧化物通常呈自形-圆形粒状，被包

— 113 —

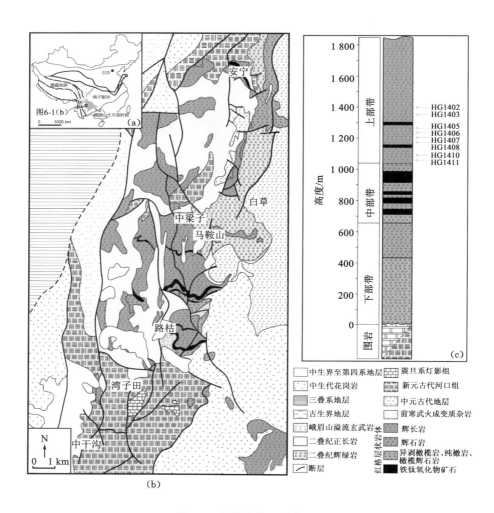

图 6-1 红格岩体地质特征

（a）峨眉山大火成岩分布简图；（b）红格岩体地质简图；

（c）红格岩体岩性柱状图及样品层位

裹于橄榄石和单斜辉石中。中部带厚 $28\sim400$ m，由橄榄单斜辉石岩、单斜辉石岩和含斜长石单斜辉石岩组成。该带是岩体的主要赋矿带，赋存有大量块状到浸染状的铁钛氧化物矿石。通常，块状铁钛氧化物矿石与下伏岩石有明显的界限，但向上过渡为浸染状矿石。这种赋存特征与攀枝花矿石特征相似。上部带厚527～1 326 m,主要由含磷灰石的辉长岩组成,该带底部大量含磷灰石的浸染状-网状的铁钛氧化物矿石层也是岩体中有经济价值的重要矿体。

本研究中,从红格岩体路枯矿区采集了一系列的辉长岩样品。这些样品所含的矿物种类相同,但各矿物相所占比例差异较大,大体上由30%～50%的单斜辉石、20%～50%的斜长石、10%～30%的铁钛氧化物、3%～10%的磷灰石和1%～5%的角闪石组成(图6-2)。单斜辉石普遍有铁钛氧化物出溶现象。在光学显微镜下,强出溶的晶粒/区域比弱出溶的晶粒/区域颜色更深[图6-2(a)～(d)]。根据颗粒内部铁钛氧化物出溶情况,可以将单斜辉石的环带划分为三种类型:无环带、同心环带和不规则环带。无环带的单斜辉石中出溶的铁钛氧化物薄片分布均匀,在单偏透光下颗粒内各处颜色相对一致[图6-2(c)(d)]。同心环带状的单斜辉石颗粒通常有一个浅色的核部和深色的边部,但也有相反的情况,即深色的核部和浅色边部[图6-2(a)、(b)]。不规则环带状的单斜辉石颗粒内部由形态不规则的浅色和深色区域组成[图6-2(c)、(d)]。在光学显微镜下,斜长石不具有明显的分带[图6-2(a)、(b)],但可见丰富的包裹体[图6-2(e)]。角闪石通常以斜长石和斜辉石反应边的形式出现[图6-2(a)～(d)]。铁钛氧化物出现在单斜辉石和斜长石粒间或相互连通成网状包围单斜辉石和斜长石颗粒[图6-2(a)～(d)]。磷灰石颗粒多呈自形-半自形粒状,与铁钛氧化物密切共生,但也有一些以矿物包裹体形式出现在斜辉石中[图6-2(a)～(d)]。磷灰石中的包裹体可见浅白色、深棕色、灰黑色等颜色[图6-2(f)],呈圆形、椭圆形、多边形或负晶形等形状[图6-3(a)～(f)]。包裹体中的原生子矿物相有角闪石、单斜辉石、钠长石/斜长石、钾长石、黑云母、铁钛氧化物和硫化物等[图6-3(a)、(b)]。在一些包裹体中可以观察到蚀变矿物,如绿泥石。

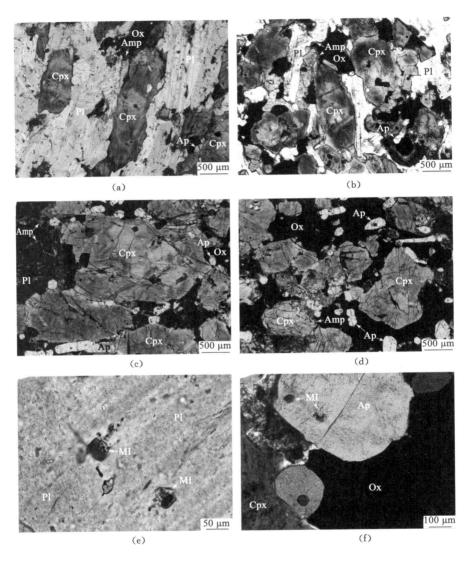

Amp—角闪石;Ap—磷灰石;Cpx—单斜辉石;MI—包裹体;Ox—铁钛氧化物;Pl—斜长石。

图 6-2　红格岩体上部辉长岩镜下显微图像

(a)、(b) 单斜辉石显示出由核到边的环带结构,斜长石无明显环带;

(c)、(d) 单斜辉石显示无规则环带或无环带;

(e) 斜长石中边界不规则包裹体;(f) 磷灰石中近圆形的包裹体

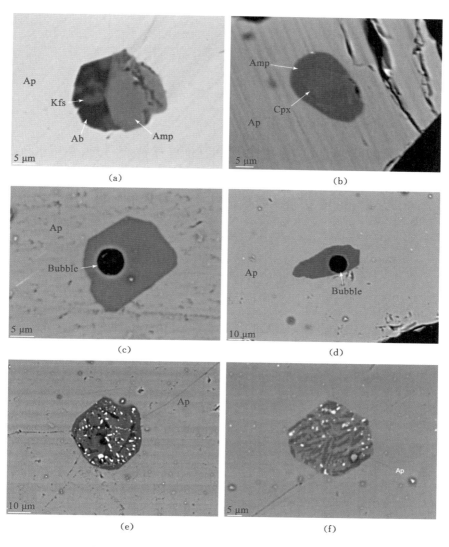

Amp—角闪石；Ap—磷灰石；Cpx—单斜辉石；Kfs—钾长石；Ab—钠长石。

图 6-3 加热前后的红格岩体磷灰石中熔体包裹体

（a）结晶质的熔体包裹体中可见子矿物角闪石、钠长石和钾长石；

（b）结晶质的熔体包裹体中可见子矿物单斜辉石和角闪石；

（c）、（d）经高温加热处理后含气泡的均一化熔体包裹体；

（e）、（f）经高温加热处理后含复杂多相的未均一化包裹体

第三节 分析结果

一、磷灰石中熔体包裹体成分

经过高温处理后，一些磷灰石中的包裹体被均一化，并可见气泡[图 6-3(c)、(d)]；但很多包裹体并未均一化，呈现为复杂的多相集合体[图 6-3(e)、(f)]。均一化包裹体的 SiO_2 含量为 39.7～60.4 wt.％，FeO_t 含量为 1.31～8.40 wt.％（表 6-1）；未均一化包裹体的 SiO_2 含量为 27.7～51.9 wt.％，FeO_t 含量为 2.55～25.7 wt.％（表 6-2）。

表 6-1 红格层状岩体磷灰石中均一化熔体包裹体成分　　　单位：wt.％

包裹体	点次	SiO_2	TiO_2	Al_2O_3	FeO_t	MnO	MgO	CaO	Na_2O	K_2O	P_2O_5	合计
HG1402-45	1	47.73	0.60	20.48	6.39	0.07	2.52	11.25	4.15	3.80	1.93	99.17
	2	47.64	0.75	16.92	7.83	0.06	2.97	10.01	4.37	5.17	2.22	98.29
	3	48.10	0.76	16.84	8.10	0.11	3.14	10.26	4.63	5.24	2.27	99.71
	均值	47.82	0.71	18.08	7.44	0.08	2.87	10.51	4.38	4.74	2.14	99.06
HG1408-5	1	60.35	0.07	18.69	1.49	0.06	0.64	7.43	6.30	3.37	0.65	99.13
HG1408-13	1	54.83	1.26	18.87	2.96	0.06	1.73	9.02	6.09	3.11	1.54	99.47
HG1408-22	1	43.90	1.51	14.67	6.90	0.13	4.80	14.76	5.48	2.33	4.31	98.89
	2	44.04	1.48	14.78	7.01	0.16	4.79	14.62	5.63	2.35	4.40	99.40
	均值	43.97	1.49	14.73	6.96	0.14	4.79	14.69	5.56	2.34	4.36	99.14
HG1408-37	1	52.45	1.76	17.90	3.12	0.05	1.81	8.74	5.70	2.52	1.49	95.61
	2	55.17	1.78	18.54	3.13	0.07	1.86	8.79	6.48	2.24	1.48	99.69
	3	55.15	1.83	18.61	3.13	0.07	1.92	8.81	5.33	2.34	1.51	98.76
	均值	54.25	1.79	18.35	3.13	0.06	1.86	8.78	5.84	2.37	1.49	98.02
HG1408-43	1	46.92	2.98	14.28	6.75	0.14	3.89	13.01	5.44	1.58	4.18	99.27
	2	46.75	3.00	14.35	6.81	0.16	4.03	12.83	5.52	1.69	4.44	99.76
	3	47.52	3.05	14.08	6.70	0.14	4.05	12.95	4.97	1.55	4.24	99.40
	4	47.51	3.00	14.14	6.80	0.17	4.11	12.87	4.76	1.65	4.25	99.45
	均值	47.17	3.01	14.21	6.76	0.15	4.02	12.91	5.17	1.62	4.28	99.47

表 6-1(续)

包裹体	点次	SiO₂	TiO₂	Al₂O₃	FeOₜ	MnO	MgO	CaO	Na₂O	K₂O	P₂O₅	合计
HG1408-44	1	52.21	0.08	22.21	2.50	0.02	1.58	12.39	5.20	1.58	1.86	99.67
	2	54.48	0.10	17.63	4.15	0.06	2.63	10.38	4.89	2.65	1.87	98.87
	3	54.40	0.04	20.81	3.08	0.03	1.99	11.03	5.18	1.97	1.33	99.95
	4	54.95	0.08	14.96	4.16	0.05	2.53	10.92	4.77	3.48	3.67	99.61
	均值	54.01	0.07	18.90	3.47	0.04	2.18	11.18	5.01	2.42	2.18	99.52
HG1410-6	1	39.62	1.38	15.16	8.55	0.13	5.88	17.49	3.63	2.05	5.30	99.33
	2	39.56	1.34	15.34	8.37	0.15	5.92	17.41	3.54	1.95	5.15	98.99
	3	39.74	1.38	15.31	8.42	0.16	5.91	17.42	3.58	2.04	5.19	99.36
	4	39.60	1.41	15.21	8.49	0.15	5.79	17.47	3.78	2.01	5.21	99.27
	5	39.73	1.40	15.34	8.14	0.12	5.84	17.35	3.48	2.10	5.15	99.02
	均值	39.65	1.38	15.27	8.40	0.14	5.87	17.43	3.60	2.03	5.20	99.19
HG1410-21	1	45.91	1.36	15.65	5.38	0.12	4.52	13.80	4.73	2.77	4.24	98.64
HG1410-29	1	54.07	0.56	16.49	3.95	0.09	3.36	8.45	6.19	4.35	1.85	99.49
HG1411-16	1	55.16	0.05	22.96	1.28	0.01	0.80	9.40	5.13	3.92	0.25	99.14
	2	56.53	0.04	22.84	1.34	0.01	0.72	9.42	4.80	4.42	0.17	100.33
	均值	55.85	0.04	22.90	1.31	0.01	0.76	9.41	4.97	4.17	0.21	99.73
HG1411-35	1	49.52	1.81	15.27	7.22	0.09	3.76	11.10	6.01	2.22	2.29	99.40
	2	49.52	1.81	14.98	7.09	0.11	3.82	10.86	6.04	2.28	2.32	98.89
	3	48.62	1.90	14.86	7.42	0.10	3.90	11.50	5.32	2.11	2.47	98.24
	均值	49.22	1.84	15.03	7.24	0.10	3.83	11.15	5.79	2.20	2.36	98.85

表 6-2　红格层状岩体磷灰石中未均一化熔体包裹体成分　单位:wt.%

包裹体	点次	SiO₂	TiO₂	Al₂O₃	FeOₜ	MnO	MgO	CaO	Na₂O	K₂O	P₂O₅	合计
HG1402-14	1	40.32	2.62	10.08	11.56	0.10	11.80	21.04	0.85	0.07	0.27	98.75
	2	38.37	1.96	13.00	6.00	0.13	14.44	12.71	3.96	2.48	6.66	99.74
	3	40.11	0.36	25.53	5.64	0.10	5.86	17.40	1.57	0.85	2.51	99.98
	均值	39.60	1.65	16.20	7.73	0.11	10.70	17.05	2.13	1.13	3.15	99.49
HG1402-15	1	42.54	1.14	10.75	7.75	0.08	12.66	22.91	0.15	0.00	0.17	98.17
	2	41.96	1.47	11.27	7.31	0.08	10.87	23.58	0.38	0.04	0.15	97.20
	均值	42.25	1.31	11.01	7.53	0.08	11.76	23.24	0.26	0.02	0.16	97.68

表 6-2（续）

包裹体	点次	SiO₂	TiO₂	Al₂O₃	FeO_t	MnO	MgO	CaO	Na₂O	K₂O	P₂O₅	合计
HG1402-17	1	47.95	2.17	16.78	6.72	0.15	2.68	11.60	5.31	4.71	1.87	99.94
	2	48.62	1.72	19.53	5.61	0.05	2.20	12.70	5.36	3.67	1.50	100.97
	3	47.67	1.00	25.51	4.52	0.08	1.36	12.60	4.77	1.98	0.82	100.31
	均值	48.08	1.63	20.61	5.61	0.09	2.08	12.30	5.15	3.45	1.40	100.41
HG1402-20	1	40.00	0.27	28.76	4.21	0.05	1.16	25.04	0.25	0.05	0.53	100.37
	2	34.16	0.47	15.44	8.34	0.10	3.66	37.04	0.69	0.13	0.91	101.06
	3	39.61	0.56	30.64	4.76	0.07	0.35	22.51	0.19	0.04	0.89	99.76
	均值	37.93	0.43	24.95	5.77	0.08	1.72	28.19	0.38	0.07	0.78	100.40
HG1402-22	1	42.23	0.92	26.70	5.30	0.06	2.31	17.74	2.58	0.83	2.03	100.77
	2	35.75	1.18	24.08	9.74	0.12	4.06	15.34	2.50	0.99	2.42	96.26
	均值	38.99	1.05	25.39	7.52	0.09	3.19	16.54	2.54	0.91	2.22	98.51
HG1402-25	1	35.37	3.31	13.11	15.16	0.15	10.56	18.23	1.39	0.47	1.46	99.26
	2	38.67	3.63	11.69	11.28	0.15	10.84	20.54	1.30	0.41	1.14	99.65
	均值	37.02	3.47	12.40	13.22	0.15	10.70	19.38	1.34	0.44	1.30	99.46
HG1402-26	1	40.60	0.95	11.17	10.80	0.09	13.46	20.00	0.60	0.26	0.80	98.76
	2	37.93	0.47	17.92	10.30	0.10	12.14	15.35	1.53	0.98	3.71	100.46
	3	46.21	0.02	25.99	3.74	0.04	2.63	18.75	2.80	0.18	0.83	101.19
	4	46.90	0.00	22.78	4.22	0.06	3.63	18.50	3.17	0.24	1.04	100.57
	均值	42.91	0.36	19.46	7.27	0.07	7.96	18.15	2.02	0.42	1.60	100.24
HG1402-27	1	38.69	3.22	11.56	10.83	0.17	11.80	21.43	0.58	0.08	0.70	99.30
HG1402-28	1	49.71	1.38	20.62	4.33	0.13	2.12	15.73	3.73	1.51	1.75	101.05
	2	51.08	0.65	25.34	1.97	0.02	1.00	13.93	5.01	1.10	0.97	101.15
	均值	50.40	1.02	22.98	3.15	0.08	1.56	14.83	4.37	1.30	1.36	101.10
HG1402-31	1	41.83	2.28	12.01	9.75	0.11	11.52	22.49	0.90	0.10	0.21	101.22
	2	42.36	1.16	12.08	7.95	0.14	16.41	16.45	2.24	1.37	1.42	101.61
	均值	42.09	1.72	12.04	8.85	0.12	13.96	19.47	1.57	0.74	0.82	101.42
HG1402-38	1	39.86	2.10	11.36	11.19	0.13	13.44	19.34	0.67	0.29	0.87	99.27
	2	42.05	2.24	11.91	9.22	0.09	11.07	21.96	0.72	0.17	0.42	99.90
	3	40.64	2.51	10.63	10.94	0.14	11.18	21.88	0.89	0.15	0.61	99.63
	均值	40.85	2.28	11.30	10.45	0.12	11.90	21.06	0.76	0.21	0.64	99.60

表 6-2(续)

包裹体	点次	SiO₂	TiO₂	Al₂O₃	FeOₜ	MnO	MgO	CaO	Na₂O	K₂O	P₂O₅	合计
HG1402-39	1	37.15	1.05	11.34	10.66	0.13	18.60	12.33	1.90	2.09	3.80	99.35
	2	34.33	1.67	12.78	16.29	0.13	12.32	15.90	1.41	1.07	1.79	97.84
	3	36.14	0.96	11.93	11.00	0.13	19.56	9.80	2.27	2.59	4.44	98.91
	均值	35.87	1.23	12.01	12.65	0.13	16.83	12.68	1.86	1.92	3.35	98.70
HG1402-43	1	45.66	0.47	18.67	6.48	0.10	4.22	19.96	2.92	0.38	1.79	100.72
	2	45.81	0.43	19.50	5.65	0.11	3.76	19.30	3.23	0.45	1.70	100.19
	3	47.18	0.34	21.08	4.82	0.08	3.92	17.69	3.18	0.36	1.26	100.01
	均值	46.21	0.41	19.75	5.65	0.10	3.97	18.98	3.11	0.40	1.58	100.31
HG1402-44	1	43.35	1.05	20.40	6.28	0.15	4.53	18.05	3.75	0.20	3.09	100.89
	2	42.76	1.22	17.24	7.51	0.17	5.58	18.37	4.60	0.21	3.41	101.09
	3	43.38	0.90	23.09	5.43	0.12	4.26	18.03	3.92	0.16	2.23	101.52
	4	49.84	0.29	26.09	2.62	0.03	1.83	14.88	5.30	0.34	0.42	101.61
	均值	44.83	0.86	21.70	5.46	0.12	4.05	17.33	4.39	0.23	2.29	101.28
HG1406-4	1	32.41	0.05	3.09	29.81	0.16	21.63	7.88	0.25	0.20	4.83	100.41
	2	36.39	0.02	8.47	25.99	0.11	22.49	6.30	0.33	0.08	1.41	101.60
	3	35.79	0.04	10.64	23.81	0.10	18.97	8.17	0.46	0.19	2.02	100.22
	4	30.85	0.06	16.41	19.93	0.09	8.94	15.38	0.66	0.26	6.94	99.73
	均值	33.86	0.04	9.65	24.89	0.11	18.01	9.43	0.42	0.18	3.80	100.49
HG1406-9	1	37.15	3.83	11.10	11.46	0.12	11.47	21.71	0.87	0.03	0.68	98.43
	2	32.24	5.18	12.19	15.99	0.12	11.10	19.43	1.00	0.21	1.75	99.24
	均值	34.69	4.51	11.64	13.73	0.12	11.29	20.57	0.94	0.12	1.21	98.84
HG1406-10	1	48.97	0.01	29.08	1.53	0.04	0.47	13.63	5.09	0.14	0.24	99.20
	2	47.16	0.03	25.62	3.57	0.06	1.27	15.21	4.53	0.30	0.88	98.66
	均值	48.06	0.02	27.35	2.55	0.05	0.87	14.42	4.81	0.22	0.56	98.93
HG1406-16	1	40.72	0.35	14.98	11.40	0.18	24.16	8.83	0.40	0.51	0.69	102.23
	2	40.91	0.87	24.23	5.83	0.10	6.91	17.95	0.93	0.63	0.84	99.27
	3	41.59	0.24	32.56	2.58	0.00	0.65	19.59	0.33	0.36	0.51	98.44
	4	36.00	2.99	11.18	12.27	0.23	8.90	18.78	0.86	2.32	5.85	99.42
	均值	39.80	1.11	20.74	8.02	0.13	10.16	16.29	0.63	0.96	1.97	99.84
HG1406-19	1	38.43	1.75	11.14	12.88	0.11	16.80	17.69	0.21	0.03	0.15	99.22

表 6-2(续)

包裹体	点次	SiO$_2$	TiO$_2$	Al$_2$O$_3$	FeO$_t$	MnO	MgO	CaO	Na$_2$O	K$_2$O	P$_2$O$_5$	合计
HG1408-1	1	37.73	2.59	9.10	11.52	0.12	17.50	17.68	0.44	0.09	0.52	97.29
	2	37.84	2.32	10.31	11.79	0.15	17.72	16.51	0.38	0.12	0.60	97.77
	3	37.26	2.69	12.86	10.82	0.12	13.54	19.29	0.53	0.10	1.28	98.50
	均值	37.61	2.53	10.76	11.38	0.13	16.25	17.83	0.45	0.10	0.80	97.85
HG1408-2	1	38.62	1.27	19.36	7.14	0.04	14.24	16.24	0.55	0.05	1.02	98.53
	2	37.46	0.71	19.27	8.46	0.09	18.37	12.48	0.43	0.03	0.86	98.21
	3	33.98	0.54	16.62	11.14	0.08	26.60	8.15	0.23	0.00	0.61	98.00
	均值	36.69	0.84	18.42	8.91	0.07	19.74	12.29	0.40	0.03	0.83	98.25
HG1408-3	1	40.09	1.20	19.61	6.45	0.05	8.10	20.32	0.67	0.06	0.25	96.82
	2	39.86	1.60	11.43	10.71	0.08	15.95	18.08	0.57	0.10	0.21	98.66
	3	40.77	0.92	22.63	4.92	0.03	7.75	19.28	0.73	0.05	0.22	97.39
	均值	40.24	1.24	17.89	7.36	0.05	10.60	19.22	0.66	0.07	0.23	97.62
HG1408-6	1	34.51	1.36	9.61	13.95	0.11	15.86	18.54	0.65	0.06	3.23	97.96
	2	39.29	1.11	16.21	9.46	0.07	12.53	19.38	0.46	0.02	0.53	99.06
	3	41.03	1.58	15.40	6.77	0.04	9.06	22.82	0.48	0.02	1.02	98.25
	均值	38.28	1.35	13.74	10.06	0.08	12.48	20.25	0.53	0.03	1.60	98.42
HG1408-14	1	40.08	0.91	13.62	9.12	0.09	22.01	13.86	0.41	0.05	0.22	100.40
	2	40.83	1.22	17.91	6.74	0.08	15.54	16.66	0.59	0.08	0.30	99.95
	均值	40.46	1.06	15.76	7.93	0.09	18.78	15.26	0.50	0.07	0.26	100.18
HG1408-15	1	36.65	1.03	14.79	13.92	0.12	10.67	16.91	1.49	0.85	1.91	98.43
	2	36.36	1.24	13.75	14.66	0.17	12.95	18.09	0.99	0.42	0.82	99.45
	3	41.36	0.34	21.70	5.97	0.08	9.78	14.00	2.55	1.22	1.62	98.63
	4	46.69	0.49	6.12	8.64	0.16	12.83	22.99	1.06	0.06	0.13	99.17
	均值	40.26	0.78	14.09	10.80	0.13	11.56	18.00	1.52	0.64	1.12	98.92
HG1408-16	1	40.19	0.31	17.25	9.02	0.09	7.98	20.98	0.86	0.33	1.12	98.19
	2	41.42	0.34	11.24	11.86	0.12	10.77	22.20	0.80	0.17	0.24	99.19
	3	41.63	0.06	27.49	3.80	0.06	5.05	18.06	0.98	0.19	0.27	97.59
	4	35.86	0.15	13.61	12.97	0.14	12.56	17.22	1.46	0.98	4.14	99.17
	均值	39.78	0.21	17.40	9.41	0.10	9.09	19.62	1.02	0.42	1.44	98.53

表 6-2(续)

包裹体	点次	SiO_2	TiO_2	Al_2O_3	FeO_t	MnO	MgO	CaO	Na_2O	K_2O	P_2O_5	合计
HG1408-20	1	36.10	0.00	23.80	12.93	0.06	8.07	16.14	0.55	0.07	1.40	99.11
	2	28.10	0.04	24.68	20.08	0.11	8.60	14.71	0.56	0.08	2.08	99.04
	3	32.34	0.05	13.08	22.87	0.14	17.98	10.25	0.31	0.07	1.74	98.89
	4	31.71	0.00	10.60	26.34	0.13	22.29	7.60	0.24	0.02	1.23	100.18
	均值	32.06	0.02	18.04	20.55	0.11	14.24	12.18	0.42	0.06	1.61	99.31
HG1408-24	1	30.42	0.99	12.87	18.68	0.29	19.28	12.65	0.98	0.68	4.01	100.88
	2	34.69	1.32	10.97	13.08	0.27	11.74	19.57	1.41	0.97	5.02	99.09
	3	33.75	1.45	12.46	13.52	0.23	9.10	20.81	1.47	0.72	4.62	98.16
	4	36.80	1.16	8.88	12.71	0.28	17.25	17.46	1.01	0.62	3.48	99.74
	均值	33.92	1.23	11.29	14.50	0.27	14.34	17.62	1.22	0.75	4.28	99.47
HG1408-28	1	35.31	1.20	15.76	10.93	0.18	14.70	15.76	1.07	0.80	2.78	98.55
	2	37.96	1.53	17.88	8.46	0.11	10.93	19.02	0.78	0.34	1.26	98.28
	均值	36.63	1.36	16.82	9.69	0.14	12.81	17.39	0.93	0.57	2.02	98.41
HG1408-35	1	37.90	2.44	12.80	11.17	0.09	18.77	15.71	0.42	0.04	0.37	99.74
	2	38.32	3.19	12.37	9.21	0.03	12.52	21.37	0.54	0.17	1.32	99.05
	3	37.17	2.93	14.08	9.24	0.08	11.28	20.27	0.84	0.27	2.04	98.21
	均值	37.80	2.85	13.08	9.87	0.06	14.19	19.12	0.60	0.16	1.24	99.00
HG1408-39	1	36.49	0.72	23.37	8.04	0.13	4.05	20.86	0.86	0.49	4.22	99.52
	2	32.20	1.42	10.59	14.55	0.18	6.62	21.90	1.97	1.13	7.90	98.64
	3	27.94	1.01	14.91	18.73	0.20	17.93	12.57	1.05	0.55	4.94	99.95
	4	37.93	2.48	12.92	11.89	0.12	12.91	20.12	0.36	0.03	0.11	98.92
	5	35.60	1.78	10.51	11.92	0.14	9.89	22.43	1.04	0.55	5.14	99.13
	均值	34.03	1.48	14.46	13.03	0.15	10.28	19.58	1.05	0.55	4.46	99.23
HG1408-45	1	38.88	1.53	10.18	12.80	0.16	9.65	23.07	0.90	0.18	1.76	99.15
	2	41.90	0.31	29.00	4.18	0.07	3.32	18.54	1.02	0.15	0.54	99.03
	3	36.60	1.37	12.16	14.43	0.17	11.83	20.11	0.60	0.21	1.54	99.14
	4	40.22	1.43	11.42	11.29	0.14	10.68	22.12	0.57	0.10	0.70	98.70
	均值	39.40	1.16	15.69	10.68	0.13	8.87	20.96	0.77	0.16	1.14	99.00

表 6-2（续）

包裹体	点次	SiO₂	TiO₂	Al₂O₃	FeOₜ	MnO	MgO	CaO	Na₂O	K₂O	P₂O₅	合计
HG1408-47	1	35.07	1.11	13.41	10.14	0.08	8.54	17.78	4.68	1.54	4.17	96.69
	2	39.52	1.38	10.96	10.41	0.06	13.21	20.12	1.37	0.27	0.75	98.10
	3	31.49	0.72	11.65	18.35	0.12	23.11	8.73	2.16	0.68	2.11	99.31
	均值	35.36	1.07	12.01	12.97	0.09	14.95	15.55	2.74	0.83	2.34	98.03
HG1408-48	1	36.81	1.02	15.34	8.44	0.11	7.50	16.75	3.75	3.36	6.04	99.15
	2	38.69	0.53	8.76	9.31	0.14	27.17	9.09	1.80	1.70	2.74	99.99
	3	31.08	0.35	10.44	16.89	0.15	38.40	1.94	0.35	0.29	0.52	100.43
	4	29.18	0.57	15.59	17.14	0.15	29.09	5.35	1.27	1.12	1.50	100.96
	均值	33.94	0.62	12.53	12.94	0.14	25.54	8.28	1.79	1.62	2.70	100.13
HG1410-2	1	40.04	3.11	9.46	9.58	0.08	18.67	18.79	0.31	0.02	0.13	100.19
	2	40.02	2.91	9.78	8.54	0.06	19.49	18.38	0.13	0.07	0.15	99.57
	3	35.75	1.38	9.11	13.05	0.23	23.09	13.68	0.42	0.87	2.27	99.87
	4	36.32	0.97	7.29	13.89	0.21	26.81	10.42	0.36	0.78	1.99	99.05
	均值	38.03	2.09	8.91	11.26	0.14	22.02	15.32	0.30	0.44	1.13	99.67
HG1410-9	1	39.33	0.48	16.71	10.21	0.12	17.25	13.54	0.60	0.58	1.13	100.00
	2	39.64	0.56	15.22	10.95	0.11	20.41	12.19	0.45	0.19	0.31	100.05
	3	39.86	0.57	17.49	9.53	0.06	14.54	13.57	1.09	0.97	1.27	99.02
	4	41.64	0.43	25.04	5.22	0.03	6.31	16.86	1.23	0.76	1.06	98.73
	均值	40.12	0.51	18.61	8.98	0.08	14.63	14.04	0.84	0.62	0.94	99.45
HG1410-14	1	53.29	0.05	24.62	1.95	0.02	0.86	11.19	8.17	0.06	0.46	100.72
	2	49.35	0.21	19.12	5.72	0.07	2.94	15.00	6.36	0.07	1.80	100.70
	3	52.17	0.14	24.44	2.82	0.00	1.35	12.54	7.38	0.05	0.88	101.79
	4	52.94	0.10	23.57	2.65	0.03	1.19	11.86	7.77	0.06	0.74	100.97
	均值	51.94	0.12	22.94	3.28	0.03	1.58	12.65	7.42	0.06	0.97	101.05
HG1410-17	1	36.59	0.18	12.21	14.47	0.19	25.22	6.78	0.55	0.31	0.78	97.33
	2	38.44	0.14	17.39	10.29	0.13	18.86	10.31	0.75	0.24	0.75	97.39
	3	37.69	0.14	16.04	10.55	0.12	19.06	10.47	0.66	0.28	1.40	96.57
	均值	37.57	0.15	15.21	11.77	0.15	21.05	9.19	0.65	0.27	0.98	97.10

表 6-2（续）

包裹体	点次	SiO$_2$	TiO$_2$	Al$_2$O$_3$	FeO$_t$	MnO	MgO	CaO	Na$_2$O	K$_2$O	P$_2$O$_5$	合计
HG1410-24	1	40.27	0.04	21.59	7.39	0.17	15.48	13.35	0.60	0.06	0.53	99.55
	2	43.17	0.51	11.50	7.39	0.16	15.17	18.68	0.82	0.11	0.42	98.05
	3	44.25	0.16	5.86	5.95	0.18	12.21	23.50	0.93	0.11	1.63	94.91
	均值	42.56	0.24	12.99	6.91	0.17	14.29	18.51	0.78	0.09	0.86	97.50
HG1410-33	1	40.51	0.54	16.45	7.42	0.09	13.93	16.99	0.67	0.58	1.17	98.36
	2	38.00	0.22	6.61	13.33	0.17	33.95	5.56	0.34	0.54	0.98	99.72
	3	32.75	0.82	17.54	13.92	0.11	7.63	14.85	1.45	2.32	5.67	97.11
	均值	37.09	0.53	13.53	11.55	0.13	18.50	12.46	0.82	1.15	2.61	98.39
HG1410-34	1	38.48	1.30	12.33	11.51	0.13	17.49	15.45	0.28	0.07	0.15	97.23
	2	38.90	1.31	13.85	10.46	0.13	15.70	16.85	0.27	0.03	0.14	97.74
	3	38.89	1.29	15.49	9.65	0.08	13.00	18.14	0.42	0.13	0.11	97.23
	均值	38.76	1.30	13.89	10.54	0.11	15.40	16.81	0.32	0.08	0.13	97.40
HG1410-35	1	26.53	0.07	24.50	26.19	0.09	3.42	11.73	1.00	0.57	1.50	95.72
	2	28.80	0.04	26.71	22.41	0.10	2.86	13.39	0.89	0.49	1.48	97.20
	3	32.68	0.09	14.33	20.52	0.16	3.67	18.73	0.93	0.52	2.80	94.48
	均值	29.34	0.07	21.85	23.04	0.12	3.31	14.61	0.94	0.53	1.93	95.80
HG1411-01	1	37.97	1.08	13.39	11.88	0.10	18.17	16.28	0.07	0.02	0.11	99.09
	2	37.09	1.32	15.39	10.37	0.05	13.84	19.87	0.14	0.08	0.52	98.71
	3	40.30	1.15	14.95	9.68	0.06	16.04	16.34	0.26	0.08	0.20	99.08
	均值	38.45	1.18	14.57	10.64	0.07	16.02	17.50	0.16	0.06	0.28	98.96
HG1411-02	1	31.11	0.24	12.36	15.95	0.18	21.49	15.46	0.29	0.04	2.08	99.20
	2	29.95	0.15	15.01	17.47	0.16	25.63	10.61	0.15	0.01	1.41	100.58
	均值	30.53	0.19	13.68	16.71	0.17	23.56	13.04	0.22	0.02	1.74	99.89
HG1411-06	1	36.87	1.10	11.68	12.80	0.17	20.05	14.28	0.38	0.22	1.02	98.63
	2	39.57	2.34	9.64	11.58	0.12	19.20	16.95	0.26	0.03	0.17	99.90
	3	38.76	0.64	16.57	10.90	0.15	18.29	12.62	1.22	0.11	0.61	100.49
	4	40.37	3.11	16.14	6.22	0.05	9.85	22.97	0.29	0.00	0.12	99.13
	5	39.05	1.61	20.65	6.33	0.06	6.64	21.68	0.45	0.20	0.93	97.66
	6	39.24	3.54	10.69	8.75	0.08	13.94	21.81	0.39	0.01	0.47	98.93
	均值	38.98	2.06	14.23	9.43	0.10	14.66	18.38	0.50	0.09	0.55	99.12

表 6-2(续)

包裹体	点次	SiO₂	TiO₂	Al₂O₃	FeOₜ	MnO	MgO	CaO	Na₂O	K₂O	P₂O₅	合计
HG1411-14	1	39.25	0.11	28.44	5.27	0.05	2.78	21.13	0.10	0.05	0.36	97.57
	2	35.47	0.21	22.44	11.03	0.07	7.78	21.14	0.13	0.02	0.51	98.79
	3	26.07	0.32	23.07	17.47	0.14	10.34	18.67	0.40	0.12	2.05	98.66
	4	37.17	0.24	20.22	10.26	0.07	8.06	22.04	0.11	0.03	0.36	98.56
	5	21.41	0.22	28.02	18.85	0.13	10.47	15.84	0.33	0.08	1.88	97.29
	均值	31.87	0.22	24.44	12.58	0.09	7.89	19.76	0.21	0.06	1.03	98.17
HG1411-15	1	29.90	1.31	24.24	15.12	0.11	14.54	12.43	0.24	0.10	1.07	99.12
	2	29.05	1.87	19.83	17.19	0.13	16.32	13.43	0.24	0.07	1.70	99.89
	3	25.08	1.54	19.93	20.23	0.19	20.29	9.26	0.21	0.11	1.23	98.12
	均值	28.01	1.58	21.33	17.51	0.14	17.05	11.71	0.23	0.09	1.34	99.04
HG1411-17	1	36.08	0.49	16.19	10.82	0.11	17.80	13.02	0.52	0.71	1.51	97.33
	2	38.66	1.07	14.34	9.97	0.13	15.17	15.79	0.42	0.53	1.17	97.35
	3	40.44	1.51	14.67	8.13	0.09	15.52	17.48	0.21	0.21	0.52	98.86
	4	39.36	1.62	15.10	9.10	0.11	14.22	18.74	0.40	0.25	0.54	99.45
	5	37.27	2.36	12.44	11.12	0.11	16.06	18.37	0.39	0.05	0.20	98.38
	均值	38.36	1.41	14.55	9.83	0.11	15.75	16.68	0.39	0.35	0.79	98.27
HG1411-20	1	34.74	2.08	13.40	14.52	0.10	14.97	17.55	0.62	0.37	0.75	99.07
	2	37.19	2.09	11.66	10.99	0.11	12.46	19.93	1.11	0.80	2.08	98.45
	3	37.53	2.01	10.35	12.72	0.14	19.00	16.37	0.50	0.19	0.38	99.33
	4	37.56	2.19	9.77	11.17	0.11	18.64	16.91	0.77	0.41	1.06	98.96
	5	34.47	1.42	10.57	12.55	0.19	14.29	16.27	1.80	1.66	5.81	99.07
	均值	36.30	1.96	11.15	12.39	0.13	15.87	17.41	0.96	0.69	2.02	98.98
HG1411-26	1	19.67	0.03	19.18	22.38	0.06	17.37	13.09	0.16	0.02	9.19	101.16
	2	31.65	0.04	17.85	21.81	0.07	18.40	7.97	0.47	0.32	0.99	99.65
	3	40.32	1.55	18.84	9.67	0.11	16.42	12.91	0.98	0.04	0.13	101.01
	4	33.65	0.01	18.27	20.17	0.07	18.25	8.68	0.30	0.15	0.81	100.41
	均值	31.32	0.41	18.54	18.51	0.08	17.61	10.66	0.48	0.13	2.78	100.55
HG1411-27	1	37.76	0.49	20.25	8.64	0.07	20.60	10.06	0.52	0.07	0.12	98.63
	2	40.39	2.00	14.82	9.75	0.08	16.82	15.65	0.73	0.04	0.05	100.36
	均值	39.07	1.24	17.53	9.19	0.08	18.71	12.85	0.62	0.05	0.08	99.50

表 6-2(续)

包裹体	点次	SiO₂	TiO₂	Al₂O₃	FeOₜ	MnO	MgO	CaO	Na₂O	K₂O	P₂O₅	合计
HG1411-30	1	35.75	0.83	19.12	10.67	0.11	9.09	18.87	0.70	0.59	4.08	99.87
	2	38.14	0.66	18.37	9.78	0.13	10.80	18.05	0.58	0.49	2.32	99.37
	3	36.65	0.69	12.22	13.44	0.16	17.49	15.31	0.62	0.52	2.54	99.63
	均值	36.84	0.72	16.57	11.30	0.13	12.46	17.41	0.63	0.53	2.98	99.62
HG1411-32	1	36.72	0.03	22.25	14.09	0.12	1.51	21.95	0.47	0.09	1.83	100.12
	2	40.02	0.01	29.84	5.58	0.03	0.56	20.01	0.40	0.14	0.68	97.79
	3	10.32	0.00	30.33	43.13	0.15	5.81	7.61	0.44	0.06	0.96	99.30
	均值	29.02	0.01	27.47	20.93	0.10	2.63	16.52	0.44	0.10	1.16	99.07
HG1411-37	1	39.68	0.27	17.42	11.69	0.09	18.78	9.19	0.61	0.60	0.50	98.90
	2	38.98	0.32	19.17	10.99	0.11	16.16	9.69	0.88	0.81	0.69	97.98
	3	38.87	0.27	21.05	10.62	0.11	15.97	10.72	0.69	0.50	0.47	99.30
	均值	39.17	0.28	19.21	11.10	0.10	16.97	9.87	0.73	0.63	0.55	98.72
HG1411-38	1	26.85	0.08	17.50	26.04	0.11	12.18	14.86	0.34	0.06	2.43	100.53
	2	28.56	0.05	14.37	25.30	0.12	12.88	15.65	0.32	0.13	2.58	99.96
	均值	27.70	0.07	15.94	25.67	0.11	12.53	15.26	0.33	0.10	2.50	100.24
HG1411-39	1	39.99	0.06	32.36	3.15	0.01	0.83	20.89	0.18	0.04	0.51	98.08
	2	40.93	0.05	32.84	2.69	0.03	0.62	20.57	0.15	0.10	0.39	98.39
	3	39.28	0.39	13.14	11.12	0.07	8.54	24.48	0.19	0.07	0.84	98.19
	均值	40.07	0.17	26.11	5.65	0.03	3.33	21.98	0.17	0.07	0.58	98.22
HG1411-40	1	32.83	1.16	16.83	19.53	0.09	17.23	9.74	0.12	0.04	1.81	99.55
	2	27.92	1.40	20.76	21.90	0.07	16.41	8.96	0.23	0.07	2.03	99.87
	3	32.83	1.58	18.21	16.96	0.07	12.31	13.12	0.25	0.08	4.25	99.87
	均值	31.19	1.38	18.60	19.46	0.07	15.32	10.60	0.20	0.06	2.70	99.76

整体来看,这些熔体包裹体主量元素组成变化范围很大,在 SiO_2-FeO_t 图上呈连续分布的趋势[图 6-4(a)]。平均而言,相较于加拿大 Sept Iles 岩体和丹麦格陵兰岛 Skaergaard 岩体,红格岩体磷灰石中包裹体在给定的 SiO_2 值下具有较低的 FeO_t 值,在给定的 FeO_t 值下具有较低的 SiO_2 值[图 6-4(a)]。然而,从 SiO_2-FeO_t 图和拟三元 Greig 图解上可以

看出,这些包裹体与攀枝花和太和岩体磷灰石中包裹体及白马岩体斜长石中包裹体成分较一致[图 6-4(a)、(b)]。

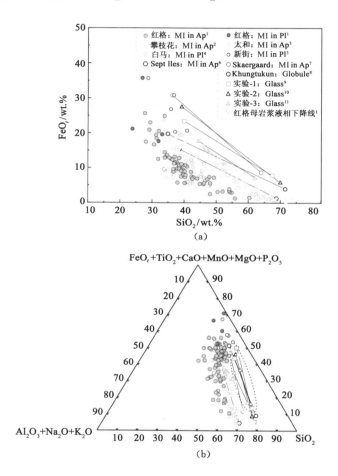

(a)

(b)

数据源:1—本研究;2—Wang 等(2018);3—Wang 等(2020a);4—Liu 等(2016);
5—Dong 等(2013);6—Charlier 等(2011);7—Jakobsen 等(2005);
8—Kamenetsky 等(2013);9—Dixon 等(1979);10—Longhi(1990);11—Veksler 等(2007)。
Ap—磷灰石;MI—熔体包裹体;Pl—斜长石。

图 6-4 红格岩体磷灰石和斜长石中熔体包裹体成分变化

(a) FeO$_t$ 与 SiO$_2$ 关系图解;

(b) 含 Roedder(1951)白榴石-铁橄榄石-石英体系不混溶域的拟三元图解

二、斜长石中熔体包裹体成分

根据电子探针分析结果,在斜长石的结晶质熔融包裹体中可识别出钛铁矿、磁铁矿、磷灰石、角闪石和单斜辉石等子矿物相(图 6-5)。斜长石中包裹体的各子矿物相占总体积的百分比及探针成分见表 6-3。

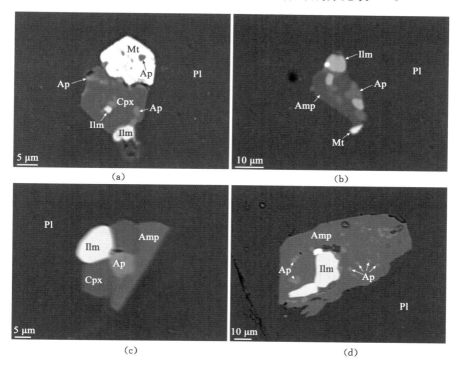

Amp—角闪石;Ap—磷灰石;Cpx—单斜辉石;Ilm—钛铁矿;Mt—磁铁矿;Pl—斜长石。

图 6-5　红格岩体斜长石中包裹体的背散射电子图像

假定熔体包裹体被捕获后在一个封闭的体系中结晶,那么包裹体子矿物相集合体的总体成分则可以反映被捕获熔体的成分。包裹体中子矿物集合体的总体成分可基于质量平衡的原理,利用各子矿物相的百分比和成分来近似计算。我们的计算结果表明,这些包裹体的 SiO_2 含量为 23.8~33.1 wt. %,FeO_t 含量为 17.7~35.8 wt. %。大体上,红格岩体斜长石中的熔体包裹体成分与磷灰石中那些富 Fe 的包裹体成分相当[图 6-4(a)、(b)]。

表 6-3　红格层状岩体斜长石中结晶质熔体包裹体的子矿物

成分及估算的包裹体成分　　　　　　　　　单位:wt.%

包裹体	HG1403-1					HG1403-2				
子矿物	Cpx	Mt	Ap*	Ilm*	Bulk	Amp	Ilm	Ap	Mt*	Bulk
比例%	0.51	0.40	0.05	0.03	1.00	0.56	0.21	0.20	0.03	1.00
SiO_2	52.19	0.07	0.00	0.00	26.88	41.50	0.09	1.97	0.00	23.81
TiO_2	0.59	13.19	0.00	52.60	7.33	1.65	50.50	0.37	0.00	11.39
Al_2O_3	2.00	0.58	0.00	0.00	1.26	12.29	0.04	0.00	0.00	6.94
FeO_t	7.50	76.40	0.00	47.40	35.78	14.94	45.69	0.74	93.10	21.21
MnO	0.20	0.32	0.00	0.00	0.23	0.13	0.84	0.00	0.00	0.25
MgO	13.97	0.05	0.00	0.00	7.20	10.53	0.47	0.00	0.00	6.04
CaO	23.51	1.92	54.50	0.00	15.83	12.28	0.26	52.76	0.00	17.29
Na_2O	0.26	0.00	0.00	0.00	0.13	1.79	0.00	0.03	0.00	1.02
K_2O	0.00	0.00	0.00	0.00	0.00	1.06	0.00	0.08	0.00	0.61
P_2O_5	0.00	0.00	41.50	0.00	2.27	0.00	0.00	39.23	0.00	7.66
包裹体	HG1407-1					HG1407-2				
子矿物	Amp	Cpx	Ilm	Ap	Bulk	Amp	Ilm	Ap*	Bulk	
比例%	0.36	0.34	0.20	0.10	1.00	0.83	0.12	0.05	1.00	
SiO_2	41.35	49.81	0.07	1.26	31.95	39.85	0.02	0.00	33.08	
TiO_2	1.85	1.86	51.28	0.07	11.71	2.94	50.55	0.00	8.51	
Al_2O_3	13.03	4.82	0.04	0.00	6.32	12.97	0.01	0.00	10.77	
FeO_t	16.11	7.72	45.62	0.27	17.69	16.85	47.18	0.00	19.65	
MnO	0.12	0.14	1.01	0.00	0.29	0.09	1.18	0.00	0.22	
MgO	9.73	12.71	0.36	0.00	7.89	9.52	0.01	0.00	7.90	
CaO	12.14	23.61	0.16	55.05	17.81	12.19	0.17	54.50	12.86	
Na_2O	2.16	0.48	0.00	0.00	0.94	2.07	0.00	0.00	1.72	
K_2O	1.06	0.00	0.00	0.01	0.38	1.31	0.00	0.00	1.09	
P_2O_5	0.00	0.00	0.00	41.26	4.02	0.00	0.00	41.50	2.08	

注:Amp—角闪石;Ap—磷灰石;Cpx—单斜辉石;Ilm—钛铁矿;Mt—磁铁矿;Bulk—估算的包裹体成分。标 * 的子矿物由于颗粒太小难以直接分析,其成分是假定的。包裹成分是根据子矿物相成分及其比例采用加权平均法求得。

三、单斜辉石和斜长石成分环带

如图 6-6 所示，单斜辉石的元素含量分布与光学显微镜下看到的环带结构具有很好的对应关系。从浅色区域到暗色区域（铁钛氧化物密集出溶），FeO_t 含量变化不明显，MgO 含量有显著的下降，$Mg\sharp$ 值略有下降（图 6-7）。SiO_2 含量与 MgO 变化一致，而 Al_2O_3 和 TiO_2 则有相反的趋势（图 6-7）。单个单斜辉石颗粒内部成分变化范围可达 47.2～51.2 wt.％SiO_2、0.90～2.36 wt.％TiO_2、2.33～5.59 wt.％Al_2O_3 和 $Mg\sharp$ 值 72～78（表 6-4）。

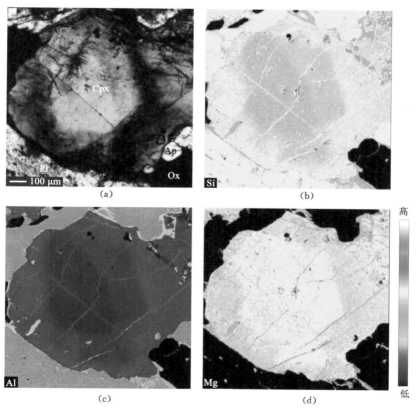

Ap—磷灰石；Cpx—单斜辉石；Ox—铁钛氧化物；Pl—斜长石。

图 6-6　红格岩体单斜辉石单偏光镜下照片(a)和元素扫面图[(b)～(d)]

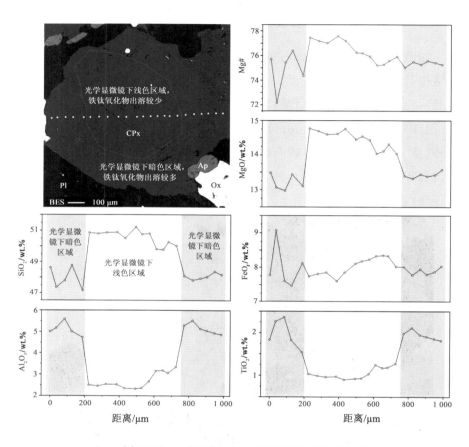

Ap—磷灰石;Cpx—单斜辉石;Ox—铁钛氧化物;Pl—斜长石。

图 6-7　沿红格单斜辉石颗粒(同图 6-6)剖面不同点处主量元素成分变化图

　　斜长石的环带结构在光学显微镜下不可见,但在背散射电子(BSE)图像上清晰可见[图 6-8(a)、(b)]。在背散射电子图像上,不同的亮度水平对应着不同的主量元素组成,斜长石的暗色区域不规则地散布在整体浅色的基底中[图 6-8(a)、(b)]。总的来说,暗色区域贫 Ca,An 值变化于 56.7～60.2 之间;浅色区域富 Ca,An 值变化于 65.7～81.2 之间(表 6-5)。

　　由图 6-8 可以看出,斜长石颗粒具有不规则的高 An 值和低 An 值区域。

表 6-4 沿红格层状岩体单斜辉石颗粒(同图 6-7)边-核-边剖面不同点处成分

单位:wt. %

点	SiO$_2$	TiO$_2$	Al$_2$O$_3$	FeO$_t$	MnO	MgO	CaO	Na$_2$O	K$_2$O	P$_2$O$_5$	合计	Mg#
1	48.62	1.84	5.01	7.78	0.18	13.48	23.02	0.46	0.00	0.00	100.39	76
2	47.38	2.26	5.17	9.07	0.21	13.06	22.58	0.48	0.00	0.00	100.21	72
3	47.80	2.36	5.59	7.60	0.23	12.97	23.19	0.47	0.00	0.00	100.20	75
4	48.77	1.83	5.02	7.47	0.20	13.43	23.09	0.50	0.01	0.00	100.31	76
5	47.17	1.54	4.74	8.12	0.24	13.10	21.90	0.50	0.00	0.00	97.29	74
6	50.86	1.03	2.51	7.74	0.25	14.77	22.48	0.48	0.00	0.00	100.13	77
7	50.79	0.99	2.46	7.81	0.26	14.69	22.53	0.47	0.01	0.00	100.02	77
8	50.87	0.96	2.54	7.85	0.27	14.60	22.45	0.43	0.00	0.00	99.95	77
9	50.88	0.97	2.53	7.60	0.26	14.61	22.61	0.44	0.02	0.00	99.90	78
10	50.50	0.90	2.35	7.85	0.35	14.76	22.18	0.47	0.00	0.00	99.36	77
11	51.21	0.92	2.33	8.11	0.33	14.45	22.01	0.48	0.01	0.00	99.85	76
12	50.75	0.93	2.36	8.18	0.36	14.54	21.98	0.53	0.02	0.00	99.62	76
13	50.80	1.03	2.67	8.23	0.36	14.43	22.30	0.50	0.01	0.00	100.34	76
14	49.81	1.24	3.16	8.33	0.35	14.04	22.17	0.50	0.00	0.00	99.60	75
15	49.78	1.17	3.18	8.35	0.36	14.11	21.99	0.45	0.00	0.00	99.38	75
16	50.26	1.18	3.06	8.33	0.34	14.31	21.97	0.51	0.00	0.00	99.96	76
17	50.02	1.27	3.34	8.02	0.26	14.04	22.57	0.47	0.00	0.00	100.00	76
18	48.09	1.98	5.29	8.01	0.22	13.39	22.59	0.50	0.00	0.00	100.08	75
19	47.82	2.11	5.52	7.78	0.22	13.32	22.90	0.56	0.00	0.00	100.23	75
20	47.94	1.95	5.14	7.95	0.17	13.44	22.52	0.50	0.00	0.00	99.60	75
21	48.03	1.91	5.05	7.79	0.18	13.38	22.72	0.45	0.01	0.00	99.50	76
22	48.37	1.86	4.94	7.87	0.20	13.42	22.97	0.44	0.01	0.00	100.07	75
23	48.17	1.82	4.88	8.03	0.18	13.57	22.64	0.46	0.01	0.00	99.76	75

注:Mg# 值为 100×molar Mg/(Mg+Fe)。

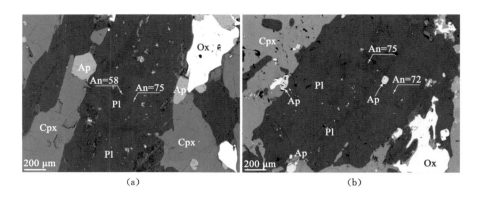

(a)   (b)

Ap—磷灰石；Cpx—单斜辉石；Ox—铁钛氧化物；Pl—斜长石。

图 6-8   红格岩体斜长石背散射电子图像

表 6-5   红格层状岩体辉长岩中斜长石颗粒上不同区域的成分

单位：wt. %

分析编号	点位	SiO$_2$	TiO$_2$	Al$_2$O$_3$	FeO$_t$	MnO	MgO	CaO	Na$_2$O	K$_2$O	合计	An
HG1402-6	暗区	54.08	0.05	29.32	0.20	0.01	0.03	12.00	4.62	0.07	100.38	59.0
HG1402-7	亮区	52.01	0.10	30.61	0.27	0.00	0.03	13.42	3.48	0.03	99.94	68.1
HG1402-8	亮区	50.89	0.11	31.50	0.46	0.01	0.03	14.12	3.10	0.04	100.24	71.6
HG1402-9	亮区	49.65	0.02	32.40	0.30	0.02	0.04	15.30	2.55	0.00	100.28	76.9
HG1402-10	亮区	50.10	0.07	31.12	0.98	0.00	0.50	13.78	3.11	0.01	99.66	71.0
HG1402-35	亮区	51.84	0.04	31.01	0.19	0.00	0.01	13.84	3.38	0.05	100.35	69.4
HG1402-36	亮区	50.02	0.00	32.68	0.27	0.00	0.02	15.31	2.51	0.03	100.84	77.2
HG1402-37	亮区	51.79	0.05	31.71	0.21	0.00	0.00	14.25	3.17	0.03	101.20	71.3
HG1402-38	亮区	51.19	0.04	31.51	0.24	0.01	0.02	14.12	3.25	0.05	100.43	70.6
HG1402-39	亮区	51.80	0.20	30.94	0.26	0.00	0.06	13.38	3.58	0.02	100.22	67.4
HG1403-22	亮区	51.33	0.05	30.63	0.31	0.00	0.02	14.06	3.18	0.08	99.65	71.0
HG1403-23	亮区	51.46	0.05	30.91	0.32	0.00	0.02	14.12	3.14	0.03	100.06	71.3
HG1403-24	亮区	51.78	0.11	30.96	0.28	0.01	0.03	13.77	3.43	0.02	100.39	68.9
HG1403-25	亮区	51.78	0.00	30.82	0.21	0.00	0.03	13.79	3.48	0.02	100.13	68.7
HG1403-26	亮区	51.07	0.01	30.46	0.25	0.00	0.02	13.56	3.27	0.03	98.68	69.7
HG1403-27	亮区	52.06	0.04	30.81	0.30	0.00	0.03	13.58	3.52	0.07	100.41	68.1

表 6-5（续）

分析编号	点位	SiO$_2$	TiO$_2$	Al$_2$O$_3$	FeO$_t$	MnO	MgO	CaO	Na$_2$O	K$_2$O	合计	An
HG1403-28	亮区	52.17	0.03	30.49	0.21	0.02	0.02	13.08	3.77	0.05	99.83	65.7
HG1403-29	亮区	51.95	0.01	30.68	0.23	0.02	0.04	13.46	3.52	0.04	99.95	67.9
HG1403-30	亮区	51.17	0.04	31.09	0.24	0.00	0.03	14.07	3.23	0.06	99.93	70.7
HG1403-31	亮区	51.77	0.05	30.72	0.31	0.02	0.00	13.34	3.48	0.13	99.81	68.0
HG1403-33	亮区	50.97	0.07	31.01	0.33	0.00	0.03	13.87	3.21	0.13	99.61	70.5
HG1403-62	亮区	51.52	0.05	31.18	0.21	0.00	0.00	14.70	3.10	0.03	100.79	72.4
HG1403-63	暗区	54.08	0.04	29.32	0.20	0.02	0.03	11.46	4.74	0.04	99.94	57.2
HG1405-22	亮区	50.64	0.11	30.84	0.88	0.00	0.06	14.01	3.05	0.23	99.82	71.8
HG1405-23	亮区	51.22	0.08	31.15	0.34	0.00	0.03	13.88	3.18	0.08	99.96	70.7
HG1405-24	暗区	53.62	0.07	29.38	0.29	0.00	0.03	12.00	4.39	0.17	99.94	60.2
HG1405-25	亮区	50.82	0.06	31.05	0.38	0.00	0.10	13.43	2.85	0.07	98.75	72.3
HG1405-26	亮区	51.03	0.06	31.17	0.36	0.00	0.04	14.21	3.16	0.13	100.16	71.3
HG1405-27	亮区	51.14	0.07	31.26	0.49	0.01	0.03	14.17	3.05	0.12	100.33	72.0
HG1405-28	亮区	50.64	0.07	31.24	0.36	0.00	0.03	13.78	3.06	0.12	99.28	71.4
HG1405-29	亮区	51.15	0.02	31.23	0.31	0.02	0.03	14.12	3.16	0.05	100.04	71.2
HG1405-30	亮区	51.03	0.05	30.97	0.33	0.00	0.02	13.94	3.13	0.05	99.52	71.2
HG1405-61	亮区	51.64	0.04	31.07	0.25	0.00	0.00	13.80	3.31	0.02	100.13	69.8
HG1405-62	亮区	50.74	0.05	31.54	0.26	0.00	0.01	14.26	3.04	0.06	99.95	72.2
HG1405-63	亮区	50.31	0.05	31.90	0.32	0.02	0.04	14.57	2.93	0.04	100.18	73.3
HG1405-64	亮区	50.29	0.05	31.01	0.35	0.01	0.08	13.75	3.00	0.08	98.60	71.7
HG1405-65	亮区	51.50	0.05	31.34	0.36	0.00	0.03	13.87	3.35	0.03	100.51	69.6
HG1407-1	亮区	49.69	0.05	32.54	0.17	0.00	0.00	15.32	2.47	0.02	100.25	77.5
HG1407-2	亮区	51.36	0.04	31.46	0.12	0.03	0.00	14.12	3.33	0.02	100.48	70.1
HG1407-3	亮区	50.79	0.07	31.73	0.17	0.00	0.00	14.54	3.09	0.02	100.39	72.3
HG1407-4	亮区	50.34	0.19	31.55	0.28	0.01	0.03	14.31	3.01	0.00	99.72	72.5
HG1407-5	亮区	50.19	0.04	32.18	0.14	0.00	0.00	14.83	2.79	0.01	100.18	74.7
HG1407-35	亮区	49.24	0.04	32.14	0.44	0.02	0.00	15.40	2.57	0.02	99.86	76.8
HG1407-36	亮区	49.45	0.02	32.69	0.15	0.01	0.00	15.54	2.45	0.03	100.34	77.8
HG1407-37	亮区	51.34	0.03	31.47	0.15	0.01	0.02	14.14	3.38	0.02	100.55	69.9
HG1407-38	亮区	50.80	0.02	31.70	0.14	0.01	0.01	14.50	3.11	0.04	100.33	72.1

表 6-5(续)

分析编号	点位	SiO₂	TiO₂	Al₂O₃	FeO_t	MnO	MgO	CaO	Na₂O	K₂O	合计	An
HG1407-39	亮区	51.04	0.04	31.41	0.14	0.00	0.00	14.23	3.15	0.00	100.00	71.4
HG1407-40	亮区	50.97	0.02	30.90	0.13	0.02	0.02	14.02	3.13	0.04	99.24	71.3
HG1407-41	亮区	50.78	0.05	31.28	0.30	0.00	0.01	14.24	3.05	0.03	99.75	72.1
HG1407-42	亮区	50.63	0.04	31.47	0.19	0.00	0.00	14.43	3.04	0.03	99.82	72.4
HG1407-43	亮区	49.38	0.06	32.10	0.21	0.01	0.00	15.55	2.53	0.03	99.86	77.3
HG1407-44	亮区	49.02	0.06	32.52	0.21	0.00	0.00	15.70	2.29	0.01	99.80	79.1
HG1407-45	亮区	48.59	0.07	32.64	0.23	0.01	0.00	15.99	2.10	0.02	99.65	80.8
HG1407-70	暗区	55.38	0.12	28.28	0.16	0.02	0.00	11.40	4.83	0.04	100.21	56.7
HG1407-71	亮区	51.37	0.07	31.07	0.13	0.01	0.01	14.46	3.02	0.04	100.16	72.6
HG1407-82	暗区	54.86	0.05	28.40	0.18	0.00	0.00	11.48	4.76	0.04	99.77	57.2
HG1407-83	亮区	51.42	0.04	30.88	0.16	0.00	0.00	14.44	3.03	0.04	100.01	72.5
HG1408-7	亮区	49.19	0.03	32.27	0.28	0.01	0.02	15.59	2.39	0.02	99.79	78.3
HG1408-8	亮区	50.41	0.04	32.00	0.26	0.02	0.01	14.93	2.73	0.01	100.40	75.1
HG1408-9	亮区	51.18	0.00	31.43	0.25	0.02	0.00	14.04	3.10	0.01	100.05	71.5
HG1408-10	亮区	48.66	0.03	32.94	0.29	0.01	0.00	16.01	2.05	0.02	99.99	81.2
HG1408-38	亮区	49.30	0.02	32.10	0.32	0.00	0.01	15.55	2.43	0.02	99.75	78.0
HG1408-39	亮区	51.52	0.04	30.86	0.33	0.00	0.01	13.70	3.32	0.04	99.81	69.5
HG1408-59	暗区	54.28	0.03	28.78	0.33	0.00	0.04	11.93	4.49	0.03	99.92	59.5
HG1408-60	亮区	51.22	0.10	31.08	0.37	0.00	0.07	14.14	3.11	0.04	100.11	71.6
HG1408-61	亮区	50.38	0.02	31.48	0.38	0.01	0.02	14.67	2.92	0.04	99.91	73.5
HG1408-62	亮区	50.68	0.01	31.34	0.31	0.01	0.03	14.40	3.01	0.02	99.80	72.6
HG1408-70	亮区	50.19	0.05	30.97	0.26	0.01	0.06	15.05	2.60	0.07	99.26	76.2
HG1408-71	暗区	54.54	0.08	28.60	0.22	0.01	0.00	11.70	4.49	0.20	99.83	59.1
HG1408-72	暗区	54.65	0.02	27.90	0.26	0.00	0.01	11.43	4.58	0.20	99.05	58.0
HG1408-73	亮区	50.57	0.03	30.68	0.28	0.01	0.02	14.44	2.72	0.11	98.85	74.6

注:An 值为 $100 \times molar\ Ca/(Ca+Na)$。背散射图像上较亮的区域为亮区;背散射图像上较暗的区域为暗区。

第四节 讨 论

一、岩浆分异过程中的不混溶作用

红格岩体中加热后的磷灰石熔体包裹体组成与攀枝花岩体相似。在这两个岩体中,未均一化的包裹体大体上比均一化的包裹体更贫 SiO_2、富 FeO_t(Wang et al.,2018)。这可能是由于富 Fe 熔体在被圈闭后,磁铁矿等矿物相发生不可逆的结晶作用,从而导致包裹体在合理的条件下难以重新均一化(Danyushevsky et al.,2002)。总体而言,红格岩体磷灰石中熔体包裹体显示出较大的成分变化范围,SiO_2 含量介于 $27.7\sim60.4$ wt.%之间,FeO_t 含量介于 $1.31\sim25.7$ wt.%之间(图 6-4)。那么,磷灰石为何会记录如此大成分范围的熔体包裹体?从理论上讲,矿物颗粒会在其结晶生长的温度区间内捕获不同成分的液体。然而,磷灰石的结晶温度范围很窄,一旦磷灰石在硅酸盐体系中达到饱和,其总量的 80% 将在 100 ℃ 的范围内析出(Piccoli et al.,1994);在多相饱和的玄武质体系中,磷灰石的结晶温度范围更窄(Meurer et al.,1996)。因此,磷灰石只能捕获岩浆演化过程中很有限温度范围的熔体。有研究表明,红格岩体母岩浆含有 47.3 wt.%的 SiO_2 和 14.5 wt.%的 FeO_t(Bai et al.,2012)。基于 rhyolite-MELTS 热动力学算法(Gualda et al.,2012),模拟此母岩浆成分在不同条件(H_2O 含量为 0.1 wt.%或 1.0 wt.%;氧逸度为 FMQ-1、FMQ 或 FMQ$+1$;压力为 1 kbar 或 5 kbar)下的分离结晶演化趋势,结果显示模拟出的熔体成分完全偏离了红格岩体磷灰石中的熔体包裹体,比包裹体 SiO_2 含量整体上要高一些。显然,简单的分离结晶不能解释红格岩体磷灰石中熔体包裹体的成分变化。有研究认为,红格岩体形成过程中发生了多期次的岩浆补充(Zhong et al.,2005;Bai et al.,2012)。频繁多期次的岩浆注入不可避免地会使新注入的岩浆与已存岩浆发生混合,导致熔体的成分发生变化。然而,如果不同批次补充的新岩浆都只发生简单的分离结晶,那么它们的派生熔体及由此产生的混合熔体也应在 MELTS 模拟出的熔体成分范围之内,不会产生如红格岩体磷灰石中所记录的那些极贫 Si、富 Fe 的熔体成分。

在 Skaergaard、Bushveld、攀枝花、白马和太和岩体中,均有报道成分变化范围很大的熔体包裹体,这些包裹体被认为是矿物生长过程中捕获了不同比例或不同阶段的不混溶熔体而形成(Jakobsen et al.,2011;Fischer et al.,2016;Liu et al.,2016;Wang et al.,2018,2020b)。在拟三元 Greig 图上,红格岩体磷灰石中的熔体包裹体与攀枝花、白马和太和岩体中的矿物熔体包裹体相似,均靠近 Roedder(1951)给出的白榴石-铁橄榄石-石英体系的不混溶域。因此,红格岩体在结晶过程中可能发生了不混溶作用。实际上,除了磷灰石,红格岩体上部带的斜长石中也发育有丰富的熔体包裹体。这些包裹体的成分与磷灰石中富 Fe、贫 Si 的熔体包裹体相似,不能通过简单的分离结晶作用产生,也支持岩浆发生了不混溶作用。斜长石中缺乏富 Si 熔体包裹体可能是由于斜长石晶体在生长过程中优先捕获富 Fe 熔体导致(Dong et al.,2013;Liu et al.,2016)。不同宿主矿物对熔体的优先捕获很大程度上取决于熔体和矿物之间的润湿特性和成分差异。例如,在 Skaergaard 岩体橄榄石中发现的熔体包裹体全为富 Si 类型,而同一岩石的磷灰石中同时含有富 Fe 和富 Si 熔体(Jakobsen et al.,2005)。白马和新街岩体斜长石中发现的熔体包裹体全为富 Fe 类型(Dong et al.,2013;Liu et al.,2016)。斜长石优先捕获富 Fe 熔体的原因可能是在生长中的斜长石颗粒表面不混溶的富 Fe 熔体比富 Si 熔体与斜长石主晶成分差异更大,更像是异物,因而被捕获为包裹体。

二、晶粥中不混溶熔体的相分离

红格岩体辉长岩中少见成分均匀的单斜辉石和斜长石颗粒,它们通常发育为各式各样的晶体内部结构和成分环带。这些堆晶矿物的结构和成分环带可能保存了关于它们所经历的岩浆成分和过程的丰富信息(Ginibre et al.,2007;Streck,2008)。

晶粥中的压实和成分对流可以引起粒间熔体与上覆主岩浆之间连续

的流体交换（Huppert et al.，1984；Morse，1986；Martin et al.，1987）。具有较低元素扩散速率的矿物（如斜长石）常发育与压实和对流有关的成分环带（Namur et al.，2012）。无论是压实作用还是成分对流，其地球化学效应都只会使得斜长石呈现出两种剖面形态：① 无环带；② 均一的核部＋An 值逐渐降低的边部。具体为哪种剖面形态，取决于压实的效率和对流开始的时间（Namur et al.，2012）。因此，红格岩体中的斜长石大量发育的反环带，不太可能由压实和成分对流作用产生。有研究表明，在富含铁钛氧化物的岩石中，铁镁质硅酸盐矿物很容易与共存的铁钛氧化物之间发生亚固相 Fe-Mg 交换（Bai et al.，2016）。这一过程可能导致铁镁质硅酸盐矿物边部（邻近铁钛氧化物处）的 Mg＃值增加。然而，红格岩体中很多单斜辉石边部比核部具有更低的 Mg＃值（图 6-6 和图 6-7）。此外，Ti、Al 等在亚固相平衡过程中扩散非常缓慢的元素，在红格岩体单斜辉石的不同环带间存在明显的含量差异（图 6-6 和图 6-7）。因此，红格岩体中单斜辉石的成分环带也不能用亚固相再平衡过程来解释。另一种可能是，单斜辉石的 Mg＃值随着岩浆的不断分异而逐渐降低。虽然分离结晶作用引起的岩浆分异可能导致单斜辉石产生成分环带，但只会产生渐变而非突变的环带结构。红格岩体单斜辉石成分环带之间显示的阶梯状过渡，可能并不是岩浆沿着简单的分离结晶演化路径生成，而是表明单斜辉石经历了不平衡的生长历史（Streck，2008）。早生成的单斜辉石主晶在单偏透光下颜色较浅，其与一种富铁钛的熔体发生反应，才生成了暗色的区域（铁钛氧化物出溶相对密集）。如果是这样的话，那么斜长石中不规则的成分环带［图 6-8(a)、(b)］可能也是由于与早生成的斜长石主晶直接接触的熔体发生了显著成分变化造成的。高 An 值区域是低 An 值斜长石在与富钙质熔体作用接触后，被交代、溶蚀、再结晶的结果。因此，可以推测出一个富 Fe、Ti、Ca 而贫 Si 的熔体对红格岩体堆晶矿物的生长产生了重要作用。这种熔体与早期堆晶矿物不平衡，引起堆晶矿物的不平衡结晶，生成成分差异很大的环带结构。

晶粥中两相不混溶熔体的物理分离可以生成这种反应性的熔体，因为充分的物理分离会阻碍不混溶熔体间的成分扩散交换，使其低于维持平衡所需的阈值(Humphreys,2011)。理论上,由于密度差异,不混溶的富 Fe 和富 Si 熔体会自发地彼此分离。晶粥中悬浮的颗粒在某种程度上像是障碍物,可能一定程度地阻碍两相熔体的自由分离。但是,由于富 Fe 熔体优先润湿密度较大的铁钛氧化物和单斜辉石,而富 Si 熔体优先润湿较轻的斜长石,矿物与熔体间的这种润湿特性又会引起富 Si 和富 Fe 熔体之间更大的密度差异,从而加速分离(Philpotts,1979;Jakobsen et al.,2005;Wang et al.,2018)。此外,岩浆不混溶会增强晶粥内部的重力不稳定性,从而促进对流,这反过来也会加速两相熔体的分离(Wang et al.,2018)。实际上,不混溶熔体的大规模分离已在对攀枝花、白马、太和、新街、Bushveld 和 Sept Iles 等岩体的研究中得到了证实(Charlier et al.,2011;Liu et al.,2014a,b;Fischer et al.,2016;董欢 等,2017;Wang et al.,2018,2020a,b)。红格岩体中的不混溶熔体成分与攀枝花岩体中的不混溶熔体成分相似,因而红格岩体可能同样发生了大规模的不混溶熔体分离作用。在这种情况下,由于失去了共轭的富硅熔体,晶粥中残余的富铁钛钙熔体变得具有反应性,而结晶出更富钙的斜长石和更富铁钛的单斜辉石。

三、对铁钛氧化物富集成矿指示

厚 1～2 km 的红格层状岩体中赋存有超大型钒钛磁铁矿矿床,其所含块状-浸染状矿石层厚度达 140 m(Luan et al.,2014)。在早期的研究中,红格岩体中厚层的钒钛磁铁矿矿石被认为是铁钛氧化物经过简单的重力沉降、分选的结果(刘振声 等,1983;四川省地质矿产局攀西地质大队,1987)。晶体沉降和分选在所有玄武质岩浆房中均会发生,如果是这种作用导致了红格岩体中超大型钒钛磁铁矿的产生,那世界上大多数的层状岩体都有潜力发育钒钛磁铁矿矿床。然而,在诸多典型的大型镁铁-超镁铁质层状岩体(如 Duluth 和 Still Water 岩体)中并未发现该类矿床。红格岩体铁钛氧化物富集成矿的原因可能需要一些特殊的岩浆条件或岩浆过程来解释。

有研究表明,红格岩体具有类似于峨眉山高钛苦橄榄岩或玄武岩的母岩浆成分(Wang et al.,2013;Bai et al.,2016)。这种母岩浆具有富铁钛的特征,可能起源于含榴辉岩/辉石岩组分地幔的部分熔融,或由并不很富铁钛的岩浆经历深部岩浆房的分离结晶而生成(Hou et al.,2011,2012;Bai et al.,2012;Liao et al.,2015)。但这种母岩浆是否足够富铁钛以致超大型钒钛磁铁矿床的生成,以及密度异常大的母岩浆如何从地幔或地壳深部迁移到地壳浅部,仍然是个谜。有学者认为,红格岩体代表了一个开放的阶梯状岩浆通道,而不是一个静态的封闭岩浆房,铁钛氧化物从大量的流动岩浆中析出并聚集形成矿体(Zhong et al.,2005;Bai et al.,2012)。要实现这一过程,需要大量新岩浆持续地补充,补充的岩浆需饱和铁钛氧化物,同时残余熔体需及时、有效地排出。我们不否认红格岩体可能经历了新岩浆的补充和残余岩浆的排出,但是,补充的岩浆是否总是饱和铁钛氧化物并卸载足够数量的铁钛氧化物,仍充满疑问。

前已述及,红格岩体岩浆演化过程中发生了不混溶作用。不混溶过程中,Fe、Ti 等元素优先分配进入富 Fe 熔体,这有可能促进铁钛氧化物的生成。然而,我们应知道,当共轭的不混溶熔体处于平衡状态时,它们结晶出的矿物种类及矿物成分是相同的,只是各矿物比例不同(Charlier et al.,2013)。因此,如果两相熔体彼此不分离,则岩浆经不混溶作用形成的最终产物与经正常分离结晶作用的产物并无明显区别。红格岩体中堆晶矿物复杂的环带结构指示不混溶熔体间发生了有效的分离,这是成矿元素 Fe、Ti 有效富集的必要条件,有可能促成超大型钒钛磁铁矿矿床的形成。在红格岩体中,主要的矿石层(网状-块状构造)出现在岩体的中上部(Wang et al.,2013)。相比于岩体下部浸染状的矿石(磁铁矿 Cr_2O_3 含量1.89~14.9 wt.%),中上部的这些矿石中磁铁矿具有明显的低 Cr 特征(<0.4 wt.%Cr_2O_3)(Wang et al.,2013)。下部贫 Cr 磁铁矿是早期分离结晶的产物,而中上部贫 Cr 磁铁矿被认为是从不混溶的富 Fe 熔体中结晶出来(Wang et al.,2013)。这与我们在红格岩体上部带发现的不混溶现象相一致。

需要指出的是,不混溶与分离结晶并不矛盾,分离结晶在岩浆演化过程中必然会发生,也是驱动岩浆分异的最重要的过程。然而,在一定条件下,一些岩浆也可以分解成互不相溶的两相熔体。有效的物理分离可使得两相熔体分别沿着各自的液相下降线演化,生成不同成分的矿物相,从而极大地影响岩体的固结过程。在这种情况下,大量的铁钛氧化物从分离汇聚出来的富 Fe 熔体层中结晶出来,可以形成重要的铁钛氧化物矿石层。

第五节　本　章　小　结

红格层状岩体磷灰石和斜长石中记录了成分范围很宽的熔体包裹体,反映岩浆演化过程中发生了不混溶作用。不混溶熔体间发生了大规模的物理分离,导致早期堆晶矿物与残余的富 Fe 熔体发生反应而产生复杂的成分环带。大规模的不混溶熔体分离有效地富集了关键成矿元素 Fe 和 Ti,从而促进了红格岩体内超大型钒钛磁铁矿矿床的形成。

第七章　攀西钒钛磁铁矿矿床成因

前已述及,攀西钒钛磁铁矿矿床的独特之处在于,岩体体积较小,但是矿石占岩体的体积比例较大(图1-4)。笔者认为,这主要是由两个因素决定的:一是其母岩浆本身富集Fe和Ti;二是岩浆房演化过程中粒间熔体发生了高温不混溶作用。

第一节　富铁钛的母岩浆

大量的研究表明,攀西地区含钒钛磁铁矿岩体的母岩浆是富Fe、Ti的,其成分类似于峨眉山高钛玄武岩或高钛苦橄岩(Zhou et al.,2005;Zhang et al.,2009;Zhong et al.,2011)。关于如此富Fe、Ti的母岩浆的成因,有三种可能性:① 地幔起源的原生岩浆就具有富Fe、Ti的特征;② 赋矿层状岩体的母岩浆为原生岩浆经历过深部的结晶分异作用之后注入浅部岩浆房;③ 前两种因素的综合。

橄榄岩地幔在任何合理的压力条件下都不可能产生铁苦橄质的岩浆,只有在经过富Fe、Ti和富不相容元素的熔体交代之后才可能生成富Fe的熔体(Stone et al.,1995;Hou et al.,2013)。有观点认为,攀西地区这些赋矿的层状岩体可能是起源于一个富Fe的地幔源区(Zhou et al.,2008;Zhang et al.,2009)。Zhang等(2009)通过对攀西地区含矿岩体的Sr-Nd-Pb-O同位素研究,认为攀西含矿岩体的母岩浆是由于上升的地幔柱岩浆混染富Fe、Ti的岩石圈地幔的结果,但没有给出攀西地区下部存在富Fe、Ti地幔端元的直接证据。有研究表明,显生宙以来的富Fe原生岩浆均与榴辉岩或者石榴子石辉石岩地幔源区相关(Gibson,2002;Tuff et al.,2005;Ichiyama et al.,2006)。Ren 等(2017)通过对峨眉山苦橄岩中橄榄石的矿物学研究以及对橄榄石中熔体包裹体的成分及 Pb 同位素研究,揭示了峨眉山地区各种镁铁-超镁铁质岩浆都起源于一个均一的石榴子石辉石岩地幔源区,高、中、低钛系列的玄武质岩浆反映了从深部低程度熔融到浅部高程度熔融的一个逐渐过渡。对攀枝花、红格、白马、太和四个岩体中橄榄石、单斜辉石的 He 和 Ar 同位素研究显示,这些岩体具有较低的 ^{3}He/^{4}He 和 ^{40}Ar/^{36}Ar,表明源区岩石圈地幔中存在与俯冲作用相关的物质(Hou et al.,2011)。进一步的研究表明,新元古代俯冲洋壳经历榴辉岩相变质并发生部分熔融,产生与俯冲相关的熔体,这种熔体向上渗透交代岩石圈地幔导致扬子板块西缘辉石岩岩石圈地幔的生成(Hou et al.,2011,2012,2013;Ren et al.,2017)。

攀西层状岩体中橄榄石的 Fo 值大多小于 80 mol.%(Pang et al.,2009;Bai et al.,2012;Dong et al.,2013;Liu et al.,2014a),低于峨眉山高钛苦橄岩中橄榄石的 Fo 值(>80 mol.%)(Kamenetsky et al.,2012),这表明层状岩体的母岩浆是相对演化的岩浆(Zhou et al.,2005;Shellnutt et al.,2009;Zhong et al.,2011)。有学者推测,攀西地区层状岩体母岩浆的演化特征,可能是由于原生岩浆中一部分超镁铁质组分丢失在地壳深部岩浆房(Zhou et al.,2005),这部分超镁铁质组分类似于出露在该地区的同期的阿布郎当岩体(Wang et al.,2014)。Wang 等(2014)提出了峨眉山地幔柱起源的高钛苦橄质岩浆的演化路径:地幔柱熔融产生的高钛苦橄质岩浆底侵到莫霍面附近,形成一个巨大的岩浆储库,一些岩浆直接喷出地表形成高钛苦橄岩,一些岩浆侵位至深部(7~10 kbar)的地壳岩浆房中,经历早期橄榄石、铬铁矿的分离结晶之后,堆积晶体层形成了类似于阿布郎当的超镁铁岩体,而残余熔体注入浅部岩浆房(约 5 kbar)进一步分异演化形成富含磁铁矿的层状岩体,或者喷出地表形成高钛玄武岩。

综上所述,攀西含钒钛磁铁矿层状岩体的母岩浆富集 Fe 和 Ti 的特征是由于其地幔源区为辉石岩地幔,原生岩浆本身就富 Fe、Ti。随后,在原生岩浆上升进入地壳岩浆房时,在深部岩浆房发生了早期橄榄石和铬铁矿的分离结晶作用,造成其母岩浆进一步富集 Fe、Ti,最终在浅部岩浆房中形成含矿的层状岩体。

第二节　高温岩浆不混溶作用

在世界大型层状岩体中,钒钛磁铁矿矿床通常产于岩体的偏上部位,矿石层沿着岩体的火成层理展布,铁钛氧化物从较演化的岩浆中结晶并分选堆积而成(Wager et al.,1968;Tollari et al.,2008)。然而,攀西地区的这些含矿层状岩体的富矿层位于岩体的偏下部位。早在 20 世纪 90 年代,就有学者提出,这种攀枝花式钒钛磁铁矿是氧化物矿浆熔离作用的结果,即铁钛氧化物熔体从富 Fe、Ti 的母岩浆中熔离出来并沉积于岩浆房的下部成矿(李文臣 等,1992;Zhou et al.,2005,2013)。虽然,不混溶作用能否直接生成氧化物熔体一直备受质疑(Lindsley,2003),但通过不混溶作用生成富 Fe 和富 Si 两相硅酸盐熔体已在攀西地区的层状岩体中发现了大量的证据。例如,磷灰石中共存的富 Fe 和富 Si 熔体包裹体(王坤 等,2013),粒间富 Fe、Ti、Ca 的反应结构、平衡共存的富 Fe 和富 Si 非反应结构(Dong et al.,2013),以及平衡分馏难以解释的 Fe 同位素特征(Liu et al.,2014b)等。

近些年,在 Skaegaard 和 Sept Iles 层状岩体中也陆续发现了不少岩浆不混溶的证据(Jakobsen et al.,2005,2011;Holness et al.,2011;Charlier et al.,2011),但这些岩体中并不发育大型钒钛磁铁矿矿床。这说明不混溶作用可以形成富 Fe 熔体,但不一定导致大型钒钛磁铁矿矿床的形成。有人认为,不混溶作用若要驱动岩浆中成矿物质的聚集成矿,其必须发生在岩浆演化的相对早期阶段,也就是发生高温不混溶作用。因为只有早期的不混溶作用才能产生大量的富 Fe 熔体,才能对成矿物质进行有效的富集。岩浆中的一些元素,如 Fe、Ti、P,被认为可以促进岩浆较早进入不混溶域(Eby,1981;Naslund,1983;Foley,1984;李文臣 等,1992;Jakobsen et al.,2011)。

攀枝花岩体中的显微反应结构研究表明,攀枝花岩浆房发生不混溶作用的温度在 1 100 ℃之上。Hou 等(2015)根据王坤等(2013)报道的攀枝花岩体磷灰石中记录的富 Fe、富 Si 熔体包裹体成分进行了高温实验,验证了这种富 Fe、富 Si 熔体的成分可以在 1 150～1 200 ℃条件下保持稳定不混溶。实际上,富 Fe、富 Ti 是攀西所有含钒钛磁铁矿层状岩体的共同特征,其中太和与红格岩体不仅极度富 Fe、Ti,同时还很富 P、H_2O。此外,峨眉山大火成岩相对于其他大火成岩的一个独特之处是,区域上出露大量的碳酸盐岩,几乎所有岩体的底部围岩均有白云质灰岩,现已接触变质成大理岩(Zhou et al.,2008)。有观点认为,岩浆中的挥发分(如 H_2O、CO_2)也可以促进岩浆发生不混溶作用(Reynolds,1985;金志升 等,1997;Lester et al.,2013;Zhou et al.,2013)。因此,本书认为攀西地区的层状岩体可能在较高温度下就发生了不混溶作用。高温不混溶作用除了可以产生大量的不混溶富 Fe 熔体,另一个重要的作用就是促进不混溶两相熔体的分离。岩浆在高温下发生不混溶作用,熔体的黏度与温度呈负相关关系,温度越高,熔体的黏度越低,两相熔体的分离速度越快。另外,较高的温度条件下,岩浆中晶体含量较少,这可以减小对两相熔体分离的阻碍作用。岩浆发生不混溶作用之后,共轭两相熔体若是不发生分离,则岩浆演化的最终产物与未经历不混溶作用的正常分离结晶产物没有区别(Charlier et al.,2013),只有发生大规模的分离,才能影响岩浆的整体演化进程,才能形成相应的地质体。

第三节　攀枝花式钒钛磁铁矿矿床成因模式

根据对攀枝花、太和与红格钒钛磁铁矿矿床成因的剖析以及对攀西赋矿岩体共性特征的探讨,笔者提出了攀枝花式钒钛磁铁矿矿床的成因模式。攀枝花式钒钛磁铁矿矿床形成过程可以归纳如下:

(1)扬子板块西缘岩石圈地幔经受新元古代俯冲洋壳熔体交代,形成辉石岩地幔。260 Ma 的峨眉山地幔柱与辉石岩地幔相互作用,生成高钛苦榄质岩浆,并在壳幔边界形成大型的高钛苦橄质岩浆储库[图 7-1(a)]。

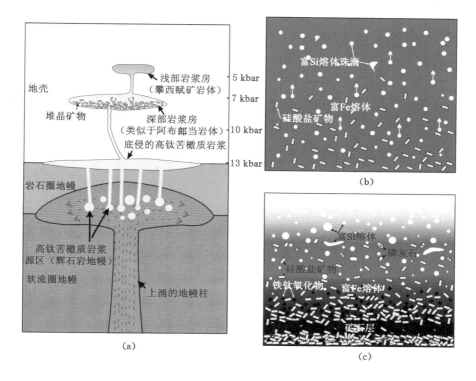

图 7-1　攀枝花式钒钛磁铁矿成矿模式示意图

（2）高钛苦橄质岩浆向上运移就位于深部岩浆房,并在深部岩浆房中发生橄榄石、铬铁矿等矿物的分离结晶,使得残余岩浆中 Fe、Ti 等元素含量相对增加,形成更加富 Fe 的玄武质岩浆[图 7-1(a)]。

（3）深部岩浆房中演化的富 Fe 玄武质岩浆侵位于浅部岩浆房,成为攀西层状岩体的母岩浆[图 7-1(a)]。

（4）在浅部岩浆房中,母岩浆经历单斜辉石和斜长石的分离结晶作用后形成晶粥,随后粒间熔体发生不混溶作用,生成富 Fe 和富 Si 两种熔体。不混溶作用过程中,富 Fe 熔体占主导,富 Si 熔体呈珠滴状分布于富 Fe 熔体之中。富 Fe 熔体密度大、黏度小,富 Si 熔体密度小、黏度大,在重力场作用下,富 Si 熔体珠滴向上迁移[图 7-1(b)]。

（5）随着两相熔体在垂向上不断地分离，岩浆房下部聚集越来越多的富 Fe 熔体，上部聚集越来越多的富 Si 熔体。这就使得岩浆房中发生成分分层，形成下部相对富 Fe 的岩浆层和上部相对富 Si 的岩浆层［图 7-1(c)］。

（6）大量的铁钛氧化物从岩浆房下部富 Fe 的岩浆层中结晶出来，并堆积于岩浆房偏下部位形成厚层的块状矿石［图 7-1(c)］。

（7）岩浆房上部岩浆层由于富 Si 的程度不同，可能形成了不同的地质产物。低程度富 Si 的上部岩浆可能形成了浅色辉长岩，一些不混溶富 Si 熔体珠滴聚合长大可形成辉长岩中的酸性岩脉或透镜体。此外，在开放的岩浆体系中，上部的富 Si 岩浆还可能发生丢失。

第八章 结论与展望

第一节 主要研究结论

本研究以攀西地区赋存钒钛磁铁矿矿床的攀枝花、太和、红格三个岩体为研究对象,进行了多次野外地质调查和详细的岩相学观察,查清了三个岩体的野外地质特征、赋矿特征以及岩性剖面变化。在此基础之上,对这三个岩体磷灰石中的熔体包裹体进行了细致的研究。此外,对攀枝花岩体粒间显微交生体结构、太和岩体及邻近花岗岩体中多种赋存状态的角闪石、红格岩体斜长石中熔体包裹体及堆晶矿物(单斜辉石和斜长石)内部环带结构进行了观察、分析和成因探讨。研究取得了以下主要认识和结论:

(1)攀西层状岩体岩浆房演化过程中发生了不混溶作用。攀枝花岩体下部带的富矿层位中发育有富 Fe、Ti、Ca 的显微替代交生体,表明粒间熔体可能发生了不混溶作用。攀枝花、太和与红格岩体的磷灰石中均记录了成分范围变化很大的熔体包裹体,这些熔体包裹体难以用简单的分离结晶作用解释,是岩浆发生不混溶作用的直接证据。

(2)不混溶发生在高温不混溶域。攀枝花岩浆房触发不混溶作用时的堆晶斜长石具有较高的牌号,表明攀枝花岩体中不混溶作用发生较早。太和与红格岩体比攀枝花岩体更富 P(P 元素可以扩展不混溶域),因而可能在较高温阶段也已发生了不混溶作用。攀西层状岩体发生高温不混溶的另一个可能的有利因素是该地区广泛分布的碳酸盐地层,层状岩体的母岩浆在上升、就位过程中混染碳酸盐地层，引入 CO_2，从而促进不混溶作用的发生。

（3）不混溶熔体发生了有效的分离。基于斯托克斯公式的简单模拟计算表明，不混溶熔体可以在岩浆房尺度上发生分离。虽然悬浮晶体可能成为富 Si 熔体珠滴向上迁移过程中的障碍物，但两相熔体在悬浮晶体上润湿性的差异以及岩浆房中的对流作用均会促进两相熔体的分离。攀枝花岩体中的替代交生体结构和红格岩体中斜长石和单斜辉石的环带结构是粒间富 Fe 熔体与堆晶矿物相互作用的结果，指示了岩浆房中不混溶熔体发生了有效的分离。

（4）攀枝花式钒钛磁铁矿矿床是岩浆房高温不混溶作用的产物。攀枝花式钒钛磁铁矿矿床具有"小岩体成大矿"的特征，大量的铁钛氧化物之所以能在岩浆房中聚集成矿，除了其母岩浆本身就比较富 Fe、Ti 之外，另一个重要的原因是岩浆房中发生了高温不混溶作用。本研究提出一个攀枝花式钒钛磁铁矿矿床形成过程的新模型：早期矿物的结晶作用在岩浆房中形成晶粥层，随后粒间熔体发生不混溶作用生成富 Fe 和富 Si 熔体，由于两相熔体密度和润湿特性的差异以及岩浆房内部的压实和对流作用，富 Si 熔体向上迁移，造成富 Fe 熔体逐渐在岩浆房偏下部位聚集形成富 Fe 熔体层，最终大量的铁钛氧化物从富 Fe 熔体层中结晶出来并堆积成矿，形成岩体偏下部的主要矿石层。

第二节　研究工作展望

本研究在攀西地区攀枝花、太和与红格岩体中发现了岩浆不混溶作用的证据，提出了不混溶作用促进攀枝花式钒钛磁铁矿矿床形成的成因模型。但是不混溶作用涉及多方面的物理化学条件和过程，很多细节问题依然没有得到解决。例如，攀西层状岩体中岩浆不混溶作用的触发机制、岩浆进入不混溶域时的临界熔体成分、两相不混溶熔体的演化过程等。此外，现有的研究对攀西层状岩体的岩浆侵位历史及岩性韵律层的形成机制均极少有涉及。后续研究中,从矿物环带、晶体粒度分布、矿物二面角、粒间显微结构及数值模拟等方面开展工作,将有望揭示这些重要信息,从而提升我们对层状岩体岩浆作用与成矿过程的认识。

参 考 文 献

[1] 陈富文.白马含矿层状镁铁-超镁铁质侵入体的岩石学研究[J].岩石学报,1990,6(4):12-26.

[2] 董欢,邢长明,王焰.攀西地区新街层状岩体粒间不混熔作用:来自斜长石环带结构的记录[J].大地构造与成矿学,2017,41(2):369-389.

[3] 郝艳丽,黄启帅,张晓冉,等.云南大理苦橄岩的Re-Os同位素特征:对峨眉山大火成岩省成因的制约[J].岩石学报,2011,27(10):2937-2946.

[4] 何斌,王雅玫,姜晓玮.上扬子西部茅口组灰岩顶部古喀斯特地貌的厘定及地质意义[J].中国地质,2004,31(1):46-50.

[5] 何斌,徐义刚,王雅玫,等.用沉积记录来估计峨眉山玄武岩喷发前的地壳抬升幅度[J].大地构造与成矿学,2005,29(3):316-320.

[6] 何斌,徐义刚,肖龙,等.峨眉山地幔柱上升的沉积响应及其地质意义[J].地质论评,2006,52(1):30-37.

[7] 侯增谦.河北阳原:矾山环状杂岩体的岩浆不混溶成因及矾山式铁磷矿床成因探讨[J].矿床地质,1990a,9(2):119-128.

[8] 侯增谦.河北阳原岩体辉石岩-正长岩组合与岩浆不混溶作用[J].现代地质,1990b,4(2):53-64.

[9] 金志升,黄智龙,朱成明.硅酸盐熔体结构与岩浆液态不混溶作用[J].地质地球化学,1997,25(1):60-64.

[10] 李德惠,陈之萱,韩昭文.西昌太和层状侵入体的韵律层及岩石学特征[J].成都地质学院学报,1981,8(3):9-20.

[11] 李德惠,茅燕石.四川攀西地区含钒钛磁铁矿层状侵入体的韵律层

及形成机理[J].矿物岩石,1982,2(1):29-41.

[12] 李宏博,张招崇,吕林素.峨眉山大火成岩省基性墙群几何学研究及对地幔柱中心的指示意义[J].岩石学报,2010,26(10):3143-3152.

[13] 李文臣.攀枝花钒钛磁铁矿矿床地质及其成因[J].地质与勘探,1992,28(10):18-21.

[14] 刘树臣.世界矿产资源年评[M].北京:地质出版社,2006.

[15] 刘振声,须同瑞.攀西地区层状基性、超基性岩成岩成矿机理及其形成时代的探讨[C]//中国地质科学院成都地质矿产研究所文集,1983,4(2):13-32.

[16] 马鸿文,胡颖,袁家铮,等.岩浆不混溶作用模拟:热力学模型与数值方法[J].地球科学,1998,23(1):41-48.

[17] 马玉孝,刘家铎,王洪峰,等.攀枝花地质[M].成都:四川科学技术出版社,2001.

[18] 马玉孝,王大可,纪相田,等.川西攀枝花-西昌地区结晶基底的划分[J].地质通报,2003,22(9):688-694.

[19] 四川地矿局攀西地质综合研究队.攀枝花-西昌地区钒钛磁铁矿共生矿成矿规律与预测报告[R].1984-06-01.

[20] 四川省地质矿产局攀西地质大队.四川红格钒钛磁铁矿床成矿条件及地质特征[M].北京:地质出版社,1987.

[21] 王坤,董欢,曹永华,等.中基性岩浆的不混溶作用及存在的问题[J].地质论评,2017,63(3):739-757.

[22] 王坤,邢长明,任钟元,等.攀枝花镁铁质层状岩体磷灰石中的熔融包裹体:岩浆不混熔的证据[J].岩石学报,2013,29(10):3503-3518.

[23] 王焰,王坤,邢长明,等.二叠纪峨眉山地幔柱岩浆成矿作用的多样性[J].矿物岩石地球化学通报,2017,36(3):404-417.

[24] 王正允.四川攀枝花含钒钛磁铁矿层状辉长岩体的岩石学特征及其成因初探[J].矿物岩石,1982,2(1):49-64.

[25] 魏宇,柏万灵,李松键,等.四川省西昌市太和钒钛磁铁矿区地质特征及找矿远景[J].四川地质学报,2012,32(S2):44-50.

[26] 徐义刚,何斌,黄小龙,等.地幔柱大辩论及如何验证地幔柱假说[J].地学前缘,2007,14(2):1-9.

[27] 杨保祥.攀枝花矿产资源特征及循环经济发展策略探讨[J].四川有色金属,2006(1):1-5.

[28] 张艳.峨眉山大火成岩省苦橄岩及含钒钛磁铁矿辉长岩体橄榄石和斜长石中的熔体包裹体及其意义[D].北京:中国科学院大学,2014.

[29] 张云湘.中华人民共和国地质矿产部地质专报.五.构造地质 地质力学.第 5 号.攀西裂谷[M].北京:地质出版社,1988.

[30] 张招崇.关于峨眉山大火成岩省一些重要问题的讨论[J].中国地质,2009,36(3):634-646.

[31] 张招崇,JOHN J MAHONEY,王福生,等.峨眉山大火成岩省西部苦橄岩及其共生玄武岩的地球化学:地幔柱头部熔融的证据[J].岩石学报,2006,22(6):1538-1552.

[32] 张招崇,王福生,范蔚茗,等.峨眉山玄武岩研究中的一些问题的讨论[J].岩石矿物学杂志,2001,20(3):239-246.

[33] 张招崇,王福生,郝艳丽,等.峨眉山大火成岩省中苦橄岩与其共生岩石的地球化学特征及其对源区的约束[J].地质学报,2004a,78(2):171-180.

[34] 张招崇,王福生,郝艳丽.峨眉山大火成岩省中的苦橄岩:地幔柱活动证据[J].矿物岩石地球化学通报,2005,24(1):17-22.

[35] 张招崇,王福生.峨眉山大陆溢流玄武岩省苦橄质岩石的高镁橄榄石和高铬尖晶石及其意义[J].自然科学进展,2004b,14(1):70-74.

[36] 钟宏,徐桂文,朱维光,等.峨眉山大火成岩省太和花岗岩的成因及构造意义[J].矿物岩石地球化学通报,2009,28(2):99-110.

[37] ANDERSON A T,BROWN G G. CO_2 contents and formation pressures of some Kilauean melt inclusions[J]. American mineralogist,1993,78(7-8):794-803.

[38] ARISKIN A A. Phase equilibria modeling in igneous petrology:use of COMAGMAT model for simulating fractionation of Ferro-ba-

saltic magmas and the genesis of high-alumina basalt[J]. Journal of volcanology and geothermal research,1999,90(1-2):115-162.

[39] ARMSTRONG R L. The persistent myth of crustal growth[J]. Australian journal of earth sciences,1991,38(5):613-630.

[40] BAI Z J,ZHONG H,LI C S,et al. Association of cumulus apatite with compositionally unusual olivine and plagioclase in the Taihe Fe-Ti oxide ore-bearing layered mafic-ultramafic intrusion:petrogenetic significance and implications for ore genesis[J]. American mineralogist,2016,101(10):2168-2175.

[41] BAI Z J,ZHONG H,NALDRETT A J,et al. Whole-rock and mineral composition constraints on the genesis of the giant hongge Fe-Ti-V oxide deposit in the Emeishan large igneous province,Southwest China[J]. Economic geology,2012,107(3):507-524.

[42] BAKER J. Beyond the rational museum:toward a discourse of inclusion[J]. The international journal of the inclusive museum, 2008,1(2):23-30.

[43] BARBARIN B. A review of the relationships between granitoid types,their origins and their geodynamic environments[J]. Lithos, 1999,46(3):605-626.

[44] BIGGAR G M. A re-assessment of phase equilibria involving two liquids in the system $K_2O-Al_2O_3-FeO-SiO_2$ [J]. Contributions to mineralogy and petrology,1983,82(2-3):274-283.

[45] BLUNDY J,CASHMAN K. Petrologic reconstruction of magmatic system variables and processes[J]. Reviews in mineralogy and geochemistry,2008,69(1):179-239.

[46] BOGAERTS M,SCHMIDT M W. Experiments on silicate melt immiscibility in the system $Fe_2SiO_4-KAlSi_3O_8-SiO_2-CaO-MgO-TiO_2-P_2O_5$ and implications for natural magmas[J]. Contributions to mineralogy and petrology,2006,152(3):257-274.

[47] BOTTINGA Y, WEILL D F. Densities of liquid silicate systems calculated from partial molar volumes of oxide components[J]. American journal of science, 1970, 269(2): 169-182.

[48] BROOKS C K, NIELSEN T F D. A discussion of Hunter and Sparks[J]. Contributions to mineralogy and petrology, 1990, 104 (2): 244-247.

[49] BROOKS C K, NIELSEN T F D. Early stages in the differentiation of the skaergaard magma as revealed by a closely related suite of dike rocks[J]. Lithos, 1978, 11(1): 1-14.

[50] CHARLES R W. The phase equilibria of richterite and ferrorichterite[J]. American mineralogist, 1975, 60(5-6): 367-374.

[51] CHARLES R W. The phase equilibria of intermediate compositions on the pseudobinary $Na_2CaMg_5Si_8O_{22}(OH)_2$, $Na_2CaFe_5Si_8O_{22}(OH)_2$ [J]. American journal of science, 1977, 277(5): 594-625.

[52] CHARLIER B, GROVE T L. Experiments on liquid immiscibility along tholeiitic liquid lines of descent[J]. Contributions to mineralogy and petrology, 2012, 164(1): 27-44.

[53] CHARLIER B, NAMUR O, GROVE T L. Compositional and kinetic controls on liquid immiscibility in ferrobasalt-rhyolite volcanic and plutonic series[J]. Geochimica et cosmochimica acta, 2013, 113: 79-93.

[54] CHARLIER B, NAMUR O, TOPLIS M J, et al. Large-scale silicate liquid immiscibility during differentiation of tholeiitic basalt to granite and the origin of the Daly gap[J]. Geology, 2011, 39(10): 907-910.

[55] CHENG L L, ZENG L, REN Z Y, et al. Timescale of emplacement of the Panzhihua gabbroic layered intrusion recorded in giant plagioclase at Sichuan Province, SW China [J]. Lithos, 2014, 204: 203-219.

［56］ CHUNG H Y,MUNGALL J E. Physical constraints on the migration of immiscible fluids through partially molten silicates, with special reference to magmatic sulfide ores［J］. Earth and planetary science letters,2009,286(1-2):14-22.

［57］ CHUNG S L,JAHN B M. Plume-lithosphere interaction in generation of the Emeishan flood basalts at the Permian-Triassic boundary ［J］. Geology,1995,23(10):889.

［58］ COTTRELL E,SPIEGELMAN M,LANGMUIR C H. Consequences of diffusive reequilibration for the interpretation of melt inclusions［J］. Geochemistry,geophysics,geosystems,2002,3(4):1-26.

［59］ DALY R A. Igneous rocks and their origin［M］. New York:McGraw-Hill, 1914.

［60］ DANYUSHEVSKY L V,DELLA-PASQUA F N,SOKOLOV S. Re-equilibration of melt inclusions trapped by magnesian olivine phenocrysts from subduction-related magmas:petrological implications［J］. Contributions to mineralogy and petrology,2000,138(1): 68-83.

［61］ DANYUSHEVSKY L V,LESLIE R A J,CRAWFORD A J,et al. Melt inclusions in primitive olivine phenocrysts:the role of localized reaction processes in the origin of anomalous compositions［J］. Journal of petrology,2004,45(12):2531-2553.

［62］ DANYUSHEVSKY L V,MCNEILL A W,SOBOLEV A V. Experimental and petrological studies of melt inclusions in phenocrysts from mantle-derived magmas:an overview of techniques,advantages and complications［J］. Chemical geology,2002,183(1-4):5-24.

［63］ DANYUSHEVSKY L V,PERFIT M R,EGGINS S M,et al. Crustal origin for coupled "ultra-depleted" and "plagioclase" signatures in MORB olivine-hosted melt inclusions:evidence from the Siqueiros Transform Fault,East Pacific Rise［J］. Contributions to mineralogy and petrology,2003,144(5):619-637.

[64] DE A. Silicate liquid immiscibility in the Deccan traps and its petro-genetic significance[J]. Geological society of America bulletin, 1974,85(3):471.

[65] DIXON S,RUTHERFORD M J. Plagiogranites as late-stage immis-cible liquids in ophiolite and mid-ocean ridge suites:an experimental study[J]. Earth and planetary science letters,1979,45(1):45-60.

[66] DONG H,XING C M,WANG C Y. Textures and mineral composi-tions of the Xinjie layered intrusion,SW China:implications for the origin of magnetite and fractionation process of Fe-Ti-rich basaltic magmas[J]. Geoscience frontiers,2013,4(5):503-515.

[67] DUKE E F,REDDEN J A,PAPIKE J J. Calamity Peak layered granite-pegmatite complex,Black Hills,South Dakota:Part I. struc-ture and emplacement[J]. Geological society of America bulletin, 1988,100(6):825-840.

[68] EALES H V,CAWTHORN R G. The bushveld complex[M]// Developments in Petrology. Amsterdam:Elsevier,1996:181-229.

[69] EBY G N. Minor and trace element partitioning between immiscible ocelli-matrix pairs from lamprophyre dikes and sills,Monteregian Hills petrographic province,Quebec[J]. Contributions to mineralo-gy and petrology,1981,75(3):269-278.

[70] ESAWI E K. AMPH-CLASS:an excel spreadsheet for the classifi-cation and nomenclature of amphiboles based on the 1997 recom-mendations of the International Mineralogical Association[J]. Com-puters and geosciences,2004,30(7):753-760.

[71] FAURE F,SCHIANO P. Experimental investigation of equilibra-tion conditions during forsterite growth and melt inclusion forma-tion[J]. Earth and planetary science letters, 2005, 236 (3-4): 882-898.

[72] FERGUSON A K. The crystallization of pyroxenes and amphiboles in some alkaline rocks and the presence of a pyroxene compositional gap [J]. Contributions to mineralogy and petrology,1978,67(1):11-15.

[73] FISCHER L A,WANG M,CHARLIER B,et al. Immiscible iron- and silica-rich liquids in the Upper Zone of the Bushveld Complex [J]. Earth and planetary science letters,2016,443:108-117.

[74] FOLEY S F. Liquid immiscibility and melt segregation in alkaline lamprophyres from Labrador[J]. Lithos,1984,17:127-137.

[75] FREESTONE I C. Liquid immiscibility in alkali-rich magmas[J]. Chemical geology,1978,23(1-4):115-123.

[76] GANINO C,ARNDT N T,ZHOU M F,et al. Interaction of magma with sedimentary wall rock and magnetite ore genesis in the Panzhi-hua mafic intrusion,SW China[J]. Mineralium deposita,2008,43 (6):677-694.

[77] GIBSON S A. Major element heterogeneity in Archean to Recent mantle plume starting-heads[J]. Earth and planetary science let-ters,2002,195(1-2):59-74.

[78] GINIBRE C,WORNER G,KRONZ A. Crystal zoning as an archive for magma evolution[J]. Elements,2007,3(4):261-266.

[79] GIRET A,BONIN B,LEGER J M. Amphibole compositional trends in oversaturated and undersaturated alkaline plutonic ring-composi-tion[J]. The Canadian mineralogist,1980,18(4):481-495.

[80] GOODE A D T. Small scale primary cumulus igneous layering in the kalka layered intrusion,giles complex,central Australia[J]. Journal of petrology,1976,17(3):379-397.

[81] GORRING M L,NASLUND H R. Geochemical reversals within the lower 100 m of the Palisades sill,New Jersey[J]. Contributions to mineralogy and petrology,1995,119(2-3):263-276.

[82] GREIG J W. Immiscibility in silicate melts:Part Ⅰ[J]. American

journal of science,1927(73):1-44.

[83] GUALDA G A R,GHIORSO M S,LEMONS R V,et al. Rhyolite-MELTS:a modified calibration of MELTS optimized for silica-rich, fluid-bearing magmatic systems[J]. Journal of petrology,2012,53 (5):875-890.

[84] GURENKO A A,BELOUSOV A B,TRUMBULL R B,et al. Explosive basaltic volcanism of the Chikurachki Volcano(Kurile arc, Russia):insights on pre-eruptive magmatic conditions and volatile budget revealed from phenocryst-hosted melt inclusions and groundmass glasses[J]. Journal of volcanology and geothermal research,2005,147 (3-4):203-232.

[85] HALTER W E,PETTKE T,HEINRICH C A,et al. Major to trace element analysis of melt inclusions by laser-ablation ICP-MS:methods of quantification[J]. Chemical geology,2002,183(1-4):63-86.

[86] HANGHOJ K,ROSING M T,BROOKS C K. Evolution of the skærgaard magma:evidence from crystallized melt inclusions[J]. Contributions to mineralogy and petrology,1995,120(3-4):265-269.

[87] HE B,XU Y G,CHUNG S L,et al. Sedimentary evidence for a rapid,kilometer-scale crustal doming prior to the eruption of the Emeishan flood basalts[J]. Earth and planetary science letters,2003,213 (3-4):391-405.

[88] HE B,XU Y G,HUANG X L,et al. Age and duration of the Emeishan flood volcanism,SW China:geochemistry and SHRIMP zircon U-Pb dating of silicic ignimbrites,post-volcanic Xuanwei Formation and clay tuff at the Chaotian section[J]. Earth and planetary science letters,2007,255(3-4):306-323.

[89] HOLNESS M B,CAWTHORN R G,ROBERTS J. The thickness of the crystal mush on the floor of the Bushveld magma chamber[J]. Contributions to mineralogy and petrology,2017,172(11-12):1-20.

［90］ HOLNESS M B,NAMUR O,CAWTHORN R G. Disequilibrium dihedral angles in layered intrusions: a microstructural record of fractionation[J]. Journal of petrology,2013,54(10):2067-2093.

［91］ HOLNESS M B,STRIPP G,HUMPHREYS M C S,et al. Silicate liquid immiscibility within the crystal mush: late-stage magmatic microstructures in the skaergaard intrusion,East Greenland[J]. Journal of petrology,2011,52(1):175-222.

［92］ HOU T,VEKSLER I V. Experimental confirmation of high-temperature silicate liquid immiscibility in multicomponent ferrobasaltic systems[J]. American mineralogist,2015,100(5-6):1304-1307.

［93］ HOU T,ZHANG Z C,ENCARNACION J,et al. Petrogenesis and metallogenesis of the Taihe gabbroic intrusion associated with Fe-Ti-oxide ores in the Panxi district,Emeishan large igneous province,Southwest China[J]. Ore geology reviews,2012,49:109-127.

［94］ HOU T,ZHANG Z C,ENCARNACION J,et al. The role of recycled oceanic crust in magmatism and metallogeny: Os-Sr-Nd isotopes,U-Pb geochronology and geochemistry of picritic dykes in the Panzhihua giant Fe-Ti oxide deposit,central Emeishan large igneous province,SW China[J]. Contributions to mineralogy and petrology,2013,165(4):805-822.

［95］ HOU T,ZHANG Z C,YE X R,et al. Noble gas isotopic systematics of Fe-Ti-V oxide ore-related mafic-ultramafic layered intrusions in the Panxi area,China: the role of recycled oceanic crust in their petrogenesis[J]. Geochimica et cosmochimica acta,2011,75(22):6727-6741.

［96］ HUI H J,ZHANG Y X. Toward a general viscosity equation for natural anhydrous and hydrous silicate melts[J]. Geochimica et cosmochimica acta,2007,71(2):403-416.

［97］ HUMPHREYS M C S. Chemical evolution of intercumulus liquid, as recorded in plagioclase overgrowth rims from the skaergaard in-trusion[J]. Journal of petrology, 2009, 50(1): 127-145.

[98] HUMPHREYS M C S. Silicate liquid immiscibility within the crystal mush: evidence from Ti in plagioclase from the skaergaard intrusion[J]. Journal of petrology, 2011, 52(1): 147-174.

[99] HUNTER R H, SPARKS R S J. The differentiation of the Skaergaard Intrusion[J]. Contributions to mineralogy and petrology, 1987, 95(4): 451-461.

[100] HUPPERT H E, SPARKS R J. Double-diffusive convection due to crystallization in magmas[J]. Annual review of earth and planetary sciences, 1984, 12(1): 11-37.

[101] ICHIYAMA Y, ISHIWATARI A, HIRAHARA Y, et al. Geochemical and isotopic constraints on the genesis of the Permian ferropicritic rocks from the Mino-Tamba belt, SW Japan[J]. Lithos, 2006, 89(1-2): 47-65.

[102] IRVINE T N. Crystallization sequences in the Muskox intrusion and other layered intrusions Ⅱ. origin of chromitite layers and similar deposits of other magmatic ores[J]. Geochimica et cosmochimica acta, 1975, 39(6-7): 991-1020.

[103] IRVINE T N. Chapter 8. magmatic infiltration metasomatism, double-diffusive fractional crystallization, and adcumulus growth in the muskox intrusion and other layered intrusions[M]//Physics of Magmatic Processes. Princeton University Press, 1980: 325-384.

[104] JAKOBSEN J K, VEKSLER I V, TEGNER C, et al. Crystallization of the skaergaard intrusion from an emulsion of immiscible iron- and silica-rich liquids: evidence from melt inclusions in plagioclase[J]. Journal of petrology, 2011, 52(2): 345-373.

[105] JAKOBSEN J K, VEKSLER I V, TEGNER C, et al. Immiscible iron- and silica-rich melts in basalt petrogenesis documented in the

Skaergaard intrusion[J]. Geology,2005,33(11):885.

[106] JANG Y D,NASLUND H R,MCBIRNEY A R. The differentia-tion trend of the skaergaard intrusion and the timing of magnetite crystallization:iron enrichment revisited[J]. Earth and planetary science letters,2001,189(3-4):189-196.

[107] JERRAM D A,CHEADLE M J,PHILPOTTS A R. Quantifying the building blocks of igneous rocks:are clustered crystal frame-works the foundation? [J]. Journal of petrology,2003,44(11):2033-2051.

[108] KAMENETSKY V S,CHARLIER B,ZHITOVA L,et al. Magma chamber-scale liquid immiscibility in the siberian traps represented by melt pools in native iron[J]. Geology,2013,41(10):1091-1094.

[109] KAMENETSKY V S,CHUNG S L,KAMENETSKY M B,et al. Pic-rites from the Emeishan large igneous province,SW China:a composi-tional continuum in primitive magmas and their respective mantle sources[J]. Journal of petrology,2012,53(10):2095-2113.

[110] KAMENETSKY V S,SOBOLEV A V,EGGINS S M,et al. Oli-vine-enriched melt inclusions in chromites from low-Ca boninites,Cape Vogel,Papua New Guinea:evidence for ultramafic primary magma,refractory mantle source and enriched components[J]. Chemical geology,2002,183(1-4):287-303.

[111] KENT A J R,ELLIOTT T R. Melt inclusions from Marianas arc lavas:implications for the composition and formation of island arc magmas[J]. Chemical geology,2002,183(1-4):263-286.

[112] KENT A J R,NORMAN M D,HUTCHEON I D,et al. Assimila-tion of seawater-derived components in an oceanic volcano:evi-dence from matrix glasses and glass inclusions from Loihi sea-mount,Hawaii[J]. Chemical geology,1999,156(1-4):299-319.

[113] KENT A J R. Melt inclusions in basaltic and related volcanic rocks[J].

Reviews in mineralogy and geochemistry,2008,69(1):273-331.

[114] KRESS V C,GHIORSO M S. Thermodynamic modeling of post-entrapment crystallization in igneous phases[J]. Journal of volcanology and geothermal research,2004,137(4):247-260.

[115] KRUGER F J. Filling the Bushveld Complex magma chamber:lateral expansion,roof and floor interaction,magmatic unconformities,and the formation of giant chromitite,PGE and Ti-V-magnetitite deposits[J]. Mineralium deposita,2005,40(5):451-472.

[116] KUSHIRO I. Fractional crystallization of basaltic magma[M]//Evolution of the Igneous Rocks:Fiftieth Anniversary Perspectives. Princeton University Press,1979:171-204.

[117] LEAKE B E,WOOLLEY A R,BIRCH W D,et al. Nomenclature of amphiboles:additions and revisions to the International Mineralogical Association's amphibole nomenclature[J]. Mineralogical magazine,2004,68(1):209-215.

[118] LEE C A. A review of mineralization in the bushveld complex and some other layered intrusions[J]. Developments in petrology,1996(15):103-145.

[119] LESTER G W,CLARK A H,KYSER T K,et al. Experiments on liquid immiscibility in silicate melts with H_2O,P,S,F and Cl:implications for natural magmas[J]. Contributions to mineralogy and petrology,2013,166(1):329-349.

[120] LI X H,LI Z X,ZHOU H W,et al. U-Pb zircon geochronology, geochemistry and Nd isotopic study of Neoproterozoic bimodal volcanic rocks in the Kangdian Rift of South China:implications for the initial rifting of Rodinia[J]. Precambrian research,2002, 113(1-2):135-154.

[121] LIAO M Y,TAO Y,SONG X Y,et al. Multiple magma evolution and ore-forming processes of the Hongge layered intrusion,SW China:in-

sights from Sr-Nd isotopes, trace elements and platinum-group elements [J]. Journal of Asian earth sciences, 2015, 113:1082-1099.

[122] LINDSLEY D H. Do Fe-Ti oxide magmas exist? Geology: yes; experiments: no! [J]. Norges geologiske undersokelse special publication, 2003(9):34-35.

[123] LIU P P, ZHOU M F, CHEN W T, et al. Using multiphase solid inclusions to constrain the origin of the Baima Fe-Ti-(V) oxide deposit, SW China[J]. Journal of petrology, 2014a, 55(5):951-976.

[124] LIU P P, ZHOU M F, LUAIS B, et al. Disequilibrium iron isotopic fractionation during the high-temperature magmatic differentiation of the Baima Fe-Ti oxide-bearing mafic intrusion, SW China[J]. Earth and planetary science letters, 2014b, 399:21-29.

[125] LIU P P, ZHOU M F, REN Z Y, et al. Immiscible Fe- and Si-rich silicate melts in plagioclase from the Baima mafic intrusion(SW China): implications for the origin of bi-modal igneous suites in large igneous provinces[J]. Journal of Asian earth sciences, 2016, 127:211-230.

[126] LEWINSON-LESSING F. Die variolite von Jalguba im gouvernement olonez[J]. Mineralogische und petrographische mitteilungen, 1885, 6(4-6):281-300.

[127] LOFGREN G E, DONALDSON C H. Curved branching crystals and differentiation in comb-layered rocks[J]. Contributions to mineralogy and petrology, 1975, 49(4):309-319.

[128] LONGHI J. Silicate liquid immiscibility in isothermal crystallization experiments[J]. Proceedings of the lunar and planetary science conference, 1990(20):13-24.

[129] LUAN Y, SONG X Y, CHEN L M, et al. Key factors controlling the accumulation of the Fe-Ti oxides in the Hongge layered intrusion in the Emeishan large igneous province, SW China[J]. Ore ge-

ology reviews,2014(57):518-538.

[130] MACLENNAN J,MCKENZIE D,HILTON F,et al. Geochemical variability in a single flow from Northern Iceland[J]. Journal of geophysical research:solid earth,2003,108(1):1-21.

[131] MANGAN M T,MARSH B D,FROELICH A J,et al. Emplacement and differentiation of the york haven diabase sheet,Pennsylvania[J]. Journal of petrology,1993,34(6):1271-1302.

[132] MARSH B D. Dynamics of magmatic systems[J]. Elements,2006, 2(5):287-292.

[133] MARSH B D. On convective style and vigor in sheet-like magma Chambers[J]. Journal of petrology,1989,30(3):479-530.

[134] MARTIN D,GRIFFITHS R W,CAMPBELL I H. Compositional and thermal convection in magma Chambers[J]. Contributions to mineralogy and petrology,1987,96(4):465-475.

[135] MCBIRNEY A R,NAKAMURA Y. Differentiation of skaergaard intrusion[J]. Transactions-American geophysical union,1974,55(4): 459-459.

[136] MCBIRNEY A R,NASLUND H R. The differentiation of the skaergaard intrusion[J]. Contributions to mineralogy and petrology,1990,104(2):235-240.

[137] MCBIRNEY A R. Differentiation of the skaergaard intrusion[J]. Nature,1975,253(5494):691-694.

[138] MCBIRNEY A R. Further considerations of double-diffusive stratification and layering in the skaergaard intrusion[J]. Journal of petrology,1985,26(4):993-1001.

[139] MCBIRNEY A R. The skaergaard intrusion[M]//Developments in Petrology. Amsterdam:Elsevier,1996:147-180.

[140] MCBIRNEY A R. The skaergaard layered series:I. structure and average compositions[J]. Journal of petrology,1989,30(2):363-397.

[141] MCDONOUGH W F,IRELAND T R. Intraplate origin of komatiites inferred from trace elements in glass inclusions[J]. Nature, 1993,365(6445):432-434.

[142] METRICH N,WALLACE P J. Volatile abundances in basaltic magmas and their degassing paths tracked by melt inclusions[J]. Reviews in mineralogy and geochemistry,2008,69(1):363-402.

[143] MEURER W P,BOUDREAU A E. An evaluation of models of apatite compositional variability using apatite from the Middle Banded series of the Stillwater Complex, Montana[J]. Contributions to mineralogy and petrology,1996,125(2-3):225-236.

[144] MORSE S A,LINDSLEY D H,WILLIAMS R J. Concerning intensive parameters in the skaergaard intrusion[J]. American journal of science,1980,280:159-170.

[145] MORSE S A. Convection in aid of adcumulus growth[J]. Journal of petrology,1986,27(5):1183-1214.

[146] NALDRETT A J,WILSON A,KINNAIRD J,et al. PGE tenor and metal ratios within and below the merensky reef,bushveld complex:implications for its genesis[J]. Journal of petrology,2009,50(4):625-659.

[147] NAMUR O,CHARLIER B,HOLNESS M B. Dual origin of Fe-Ti-P gabbros by immiscibility and fractional crystallization of evolved tholeiitic basalts in the sept iles layered intrusion[J]. Lithos,2012, 154:100-114.

[148] NAMUR O,CHARLIER B,TOPLIS M J,et al. Crystallization sequence and magma chamber processes in the ferrobasaltic sept iles layered intrusion,Canada[J]. Journal of petrology,2010,51(6): 1203-1236.

[149] NAMUR O,CHARLIER B,TOPLIS M J,et al. Differentiation of tholeiitic basalt to A-type granite in the sept iles layered intrusion,

Canada[J]. Journal of petrology,2011,52(3):487-539.

[150] NAMUR O,CHARLIER B. Efficiency of compaction and compositional convection during mafic crystal mush solidification:the sept iles layered intrusion,Canada[J]. Contributions to mineralogy and petrology,2012,163(6):1049-1068.

[151] NAMUR O,HUMPHREYS M C S. Trace element constraints on the differentiation and crystal mush solidification in the skaergaard intrusion,Greenland[J]. Journal of petrology,2018,59(3):387-418.

[152] NASLUND H R,MCBIRNEY A R. Mechanisms of formation of igneous layering[J]. Developments in petrology,1996(15):1-43.

[153] NASLUND H R,TURNER P A,KEITH D W. Crystallization and layer formation in the middle zone of the skaergaard intrusion[J]. Bulletin of the geological society of Denmark,1991(38):165-171.

[154] NASLUND H R. The effect of oxygen fugacity on liquid immiscibility in iron-bearing silicate melts[J]. American journal of science,1983,283(10):1034-1059.

[155] NEWMAN S,STOLPER E,STERN R. H_2O and CO_2 in magmas from the Mariana arc and back arc systems[J]. Geochemistry,geophysics,geosystems,2000,1(5):1013.

[156] NIELSEN T F D. The shape and volume of the skaergaard intrusion,Greenland:implications for mass balance and bulk composition[J]. Journal of petrology,2004,45(3):507-530.

[157] NORMAN M D,GARCIA M O,KAMENETSKY V S,et al. Olivine-hosted melt inclusions in Hawaiian picrites:equilibration,melting,and plume source characteristics[J]. Chemical geology,2002,183(1-4):143-168.

[158] PANG K N,LI C S,ZHOU M F,et al. Abundant Fe-Ti oxide inclusions in olivine from the Panzhihua and Hongge layered intrusions,SW China:evidence for early saturation of Fe-Ti oxides in

ferrobasaltic magma[J]. Contributions to mineralogy and petrology, 2008a, 156(3):307-321.

[159] PANG K N, LI C S, ZHOU M F, et al. Mineral compositional constraints on petrogenesis and oxide ore genesis of the late Permian Panzhihua layered gabbroic intrusion, SW China[J]. Lithos, 2009, 110(1-4):199-214.

[160] PANG K N, ZHOU M F, LINDSLEY D, et al. Origin of Fe-Ti oxide ores in mafic intrusions: evidence from the Panzhihua intrusion, SW China[J]. Journal of petrology, 2008b, 49(2):295-313.

[161] PHILPOTTS A R, SHI J Y, BRUSTMAN C. Role of plagioclase crystal chains in the differentiation of partly crystallized basaltic magma[J]. Nature, 1998, 395(6700):343-346.

[162] PHILPOTTS A R. Comments on: liquid immiscibility and the evolution of basaltic magma[J]. Journal of petrology, 2008, 49(12): 2171-2175.

[163] PHILPOTTS A R. Compositions of immiscible liquids in volcanic rocks[J]. Contributions to mineralogy and petrology, 1982, 80(3): 201-218.

[164] PHILPOTTS A R. Silicate liquid immiscibility in tholeiitic basalts [J]. Journal of petrology, 1979, 20(1):99-118.

[165] PHILPOTTS A R. Silicate liquid immiscibility: its probable extent and petrogenetic significance [J]. American journal of science, 1976, 276(9):1147-1177.

[166] PICCOLI P, CANDELA P. Apatite in felsic rocks: a model for the estimation of initial halogen concentrations in the Bishop Tuff (Long Valley) and Tuolumne Intrusive Suite (Sierra Nevada Batholith) magmas [J]. American journal of science, 1994, 294(1):92-135.

[167] PUTIRKA K. Amphibole thermometers and barometers for igneous systems and some implications for eruption mechanisms of fel-

sic magmas at arc volcanoes[J]. American mineralogist,2016,101
(4):841-858.

[168] QI L,WANG C Y,ZHOU M F. Controls on the PGE distribution
of Permian Emeishan alkaline and peralkaline volcanic rocks in
Longzhoushan,Sichuan Province, SW China[J]. Lithos,2008,106
(3-4):222-236.

[169] RAJESH H M. Outcrop-scale silicate liquid immiscibility from an
alkali syenite (A-type granitoid)-pyroxenite association near
Puttetti,Trivandrum Block,South India[J]. Contributions to min-
eralogy and petrology,2003,145(5):612-627.

[170] REN Z Y,WU Y D,ZHANG L,et al. Primary magmas and mantle
sources of Emeishan basalts constrained from major element,trace
element and Pb isotope compositions of olivine-hosted melt inclu-
sions[J]. Geochimica et cosmochimica acta,2017,208:63-85.

[171] REYNOLDS I M. The nature and origin of titaniferous magnetite-
rich layers in the upper zone of the bushveld complex:a review and
synthesis[J]. Economic geology,1985,80(4):1089-1108.

[172] ROEDDER E,WEIBLEN P W. Silicate liquid immiscibility in lu-
nar magmas,evidenced by melt inclusions in lunar rocks[J]. Sci-
ence,1970a,167(3918):641-644.

[173] ROEDDER E,WEIBLEN P W. Silicate melt inclusions in Apollo-
12 rocks similar to those in Apollo-11 rocks and in some terrestrial
basalts[J]. Transactions-American geophysical union,1970b,51
(7):583.

[174] ROEDDER E,WEIBLEN P W. Petrology of silicate melt inclu-
sions,Apollo 11 and Apollo 12 and terrestrial equivalents[J].
Geochimica et cosmochimica acta,1971(1):507-528.

[175] ROEDDER E. Low temperature liquid immiscibility in the system
$K_2O\text{-}FeO\text{-}Al_2O_3\text{-}SiO_2$ [J]. American mineralogist, 1951, 36 (3-4):

282-286.

[176] ROEDDER E. Origin and significance of magmatic inclusions[J].
Bulletin de mineralogie,1979,102(5):487-510.

[177] RYABOV V. Liquation in Natural Glasses:the Example of Traps
[M]. Novosibirsk:Nauka,1989.

[178] SAAL A E,HAURI E H,LANGMUIR C H,et al. Vapour under-
saturation in primitive mid-ocean-ridge basalt and the volatile con-
tent of Earth's upper mantle[J]. Nature,2002,419(6906):
451-455.

[179] SATO H. Segregation vesicles and immiscible liquid droplets in
oceanfloor basalt of hole 396B, IPOD/DSDP leg 46[M]//Initial
Reports of the Deep Sea Drilling Project,46.:U. S. Government
Printing Office,1979:283-291.

[180] SENSARMA S,PALME H. Silicate liquid immiscibility in the ∼
2. 5 Ga Fe-rich andesite at the top of the Dongargarh large igneous
province(India)[J]. Lithos,2013(170-171):239-251.

[181] SHE Y W,SONG X Y,YU S Y,et al. Variations of trace element
concentration of magnetite and ilmenite from the Taihe layered in-
trusion,Emeishan large igneous province,SW China:implications for
magmatic fractionation and origin of Fe-Ti-V oxide ore deposits[J].
Journal of Asian earth sciences,2015,113:1117-1131.

[182] SHE Y W,YU S Y,SONG X Y,et al. The formation of P-rich Fe-
Ti oxide ore layers in the Taihe layered intrusion,SW China:im-
plications for magma-plumbing system process[J]. Ore geology re-
views,2014,57:539-559.

[183] SHELLNUTT J G,IIZUKA Y. Mineralogy from three peralkaline gra-
nitic plutons of the Late Permian Emeishan large igneous province(SW
China):evidence for contrasting magmatic conditions of A-type granit-
oids[J]. European journal of mineralogy,2011,23(1):45-61.

[184] SHELLNUTT J G,JAHN B M,DOSTAL J. Elemental and Sr-Nd isotope geochemistry of microgranular enclaves from peralkaline A-type granitic plutons of the Emeishan large igneous province, SW China[J]. Lithos,2010,119(1-2):34-46.

[185] SHELLNUTT J G,ZHOU M F,ZELLMER G F. The role of Fe-Ti oxide crystallization in the formation of A-type granitoids with implications for the Daly gap:an example from the Permian Baima igneous complex,SW China[J]. Chemical geology,2009,259(3-4): 204-217.

[186] SHELLNUTT J G,ZHOU M F. Permian peralkaline,peraluminous and metaluminous A-type granites in the Panxi district,SW China:their relationship to the Emeishan mantle plume[J]. Chemical geology,2007,243(3-4):286-316.

[187] SHIMIZU K,KOMIYA T,HIROSE K,et al. Cr-spinel,an excellent micro-container for retaining primitive melts-implications for a hydrous plume origin for komatiites[J]. Earth and planetary science letters,2001,189(3-4):177-188.

[188] SOBOLEV A V,CHAUSSIDON M. H_2O concentrations in primary melts from supra-subduction zones and mid-ocean ridges:implications for H_2O storage and recycling in the mantle[J]. Earth and planetary science letters,1996,137(1-4):45-55.

[189] SOBOLEV A V. Melt inclusions in minerals as a source of principle petrological information[J]. Petrology,1996,4(3):209-220.

[190] SOBOLEV V, KOSTYUK V. Magmatic crystallization based on a study of melt inclusions[J]. Fluid inclusion research,1975(9):182-253.

[191] SONG X Y,QI H W,HU R Z,et al. Formation of thick stratiform Fe-Ti oxide layers in layered intrusion and frequent replenishment of fractionated mafic magma:evidence from the Panzhihua intrusion,SW China[J]. Geochemistry,geophysics,geosystems,2013,

14(3):712-732.

[192] SONG X Y,ZHOU M F,HOU Z Q,et al. Geochemical constraints on the mantle source of the upper Permian Emeishan continental flood basalts,Southwest China[J]. International geology review, 2001,43(3):213-225.

[193] SORBY H C. On the microscopical,structure of crystals,indicating the origin of minerals and rocks[J]. Quarterly journal of the geological society,1858,14(1-2):453-500.

[194] SPANDLER C,O'NEILL H S C,KAMENETSKY V S. Survival times of anomalous melt inclusions from element diffusion in olivine and chromite[J]. Nature,2007,447(7142):303-306.

[195] SPARKS R S J,SIGURDSSON H,CAREY S. Entrance of hot pyroclastic flows into the sea in the lesser antilles island-Arc[J]. Journal of the geological society,1980,137(1):111.

[196] SPARKS R S J,HUPPERT H E,KERR R C,et al. Postcumulus processes in layered intrusions[J]. Geological magazine,1985,122 (5):555-568.

[197] STONE W E,CROCKET J H,DICKIN A P,et al. Origin of Archean ferropicrites:geochemical constraints from the Boston Creek Flow,Abitibi greenstone belt,Ontario,Canada[J]. Chemical geology,1995,121(1-4):51-71.

[198] STRECK M J. Mineral textures and zoning as evidence for open system processes[J]. Reviews in mineralogy and geochemistry, 2008,69(1):595-622.

[199] SUN Y D,LAI X L,WIGNALL P B,et al. Dating the onset and nature of the Middle Permian Emeishan large igneous province eruptions in SW China using conodont biostratigraphy and its bearing on mantle plume uplift models[J]. Lithos,2010,119(1-2): 20-33.

[200] TEGNER C, WILSON J R, BROOKS C K. Intraplutonic quench zones in the kap edvard holm layered gabbro complex, East Greenland[J]. Journal of petrology, 1993, 34(4): 681-710.

[201] TEGNER C. Iron in plagioclase as a monitor of the differentiation of the skaergaard intrusion[J]. Contributions to mineralogy and petrology, 1997, 128(1): 45-51.

[202] TOLLARI N, BARNES S J, COX R A, et al. Trace element concentrations in apatites from the sept iles intrusive suite, Canada: implications for the genesis of nelsonites[J]. Chemical geology, 2008, 252(3-4): 180-190.

[203] TOLLARI N, TOPLIS M J, BARNES S J. Predicting phosphate saturation in silicate magmas: an experimental study of the effects of melt composition and temperature[J]. Geochimica et cosmochimica acta, 2006, 70(6): 1518-1536.

[204] TOPLIS M J, CARROLL M R. An experimental study of the influence of oxygen fugacity on Fe-Ti oxide stability, phase relations, and mineral: melt equilibria in Ferro-basaltic systems[J]. Journal of petrology, 1995, 36(5): 1137-1170.

[205] TUFF J, TAKAHASHI E, GIBSON S A. Experimental constraints on the role of garnet pyroxenite in the genesis of high-Fe mantle plume derived melts[J]. Journal of petrology, 2005, 46(10): 2023-2058.

[206] VAN TONGEREN J A, MATHEZ E A, KELEMEN P B. A felsic end to bushveld differentiation[J]. Journal of petrology, 2010, 51(9): 1891-1912.

[207] VAN TONGEREN J A, MATHEZ E A. Large-scale liquid immiscibility at the top of the Bushveld Complex, South Africa[J]. Geology, 2012, 40(6): 491-494.

[208] VEKSLER I V, DORFMAN A M, BORISOV A A, et al. Liquid

immiscibility and evolution of basaltic magma: reply to S. A. morse, A. R. McBirney and A. R. philpotts[J]. Journal of petrology,2007,49(12):2177-2186.

[209] VEKSLER I V,DORFMAN A M,DANYUSHEVSKY L V,et al. Immiscible silicate liquid partition coefficients: implications for crystal-melt element partitioning and basalt petrogenesis[J]. Contributions to mineralogy and petrology,2006,152(6):685-702.

[210] VEKSLER I V,DORFMAN A M,RHEDE D,et al. Liquid unmixing kinetics and the extent of immiscibility in the system K_2O-CaO-FeO-Al_2O_3-SiO_2 [J]. Chemical geology, 2008, 256 (3-4): 119-130.

[211] VEKSLER I V,KAHN J,FRANZ G,et al. Interfacial tension between immiscible liquids in the system K_2O-FeO-Fe_2O_3-Al_2O_3-SiO_2 and implications for the kinetics of silicate melt unmixing[J]. American mineralogist,2010,95(11-12):1679-1685.

[212] VEKSLER I V. Extreme iron enrichment and liquid immiscibility in mafic intrusions: experimental evidence revisited[J]. Lithos, 2009,111(1-2):72-82.

[213] VISSER W,VAN GROOS A F K. Effects of P_2O_5 and TiO_2 on liquid-liquid equilibria in the system K_2O-FeO-Al_2O_3-SiO_2[J]. American journal of science,1979,279(8):970-988.

[214] WAGER L R,BROWN G M. Layered Igneous Rocks[J]. Mineralogical magazine,1968,36(284):1182-1183.

[215] WAGER L. The mechanism of adcumulus growth in the layered series of the skaergaard intrusion[J]. Mineralogical society of america special paper,1963(1):1-9.

[216] WALLACE P J,ANDERSON A T. Effects of eruption and lava drainback on the H_2O contents of basaltic magmas at Kilauea Volcano[J]. Bulletin of volcanology,1998,59(5):327-344.

[217] WANG C Y,ZHOU M F,QI L. Permian flood basalts and mafic intrusions in the Jinping(SW China)-Song Da(Northern Vietnam) district:mantle sources,crustal contamination and sulfide segregation[J]. Chemical geology,2007,243(3-4):317-343.

[218] WANG C Y,ZHOU M F,YANG S H,et al. Geochemistry of the Abulangdang intrusion:cumulates of high-Ti picritic magmas in the Emeishan large igneous province,SW China[J]. Chemical geology,2014,378-379:24-39.

[219] WANG C Y,ZHOU M F. New textural and mineralogical constraints on the origin of the Hongge Fe-Ti-V oxide deposit,SW China[J]. Mineralium deposita,2013,48(6):787-798.

[220] WANG K,DONG H,LIU R. Genesis of giant Fe-Ti oxide deposits in the Panxi region,SW China:a review[J]. Geological journal,2020a,55(5):3782-3795.

[221] WANG K,REN Z Y,ZHANG L,et al. The relationship between the Taihe Fe-Ti oxide ore-bearing layered intrusion and the adjacent peralkaline A-type granitic pluton in SW China:constraints from compositions of amphiboles and apatite-hosted melt inclusions[J]. Ore geology reviews,2020b,120:103418.

[222] WANG K,WANG C Y,REN Z Y. Apatite-hosted melt inclusions from the Panzhihua gabbroic-layered intrusion associated with a giant Fe-Ti oxide deposit in SW China:insights for magma unmixing within a crystal mush[J]. Contributions to mineralogy and petrology,2018,173(7):1-14.

[223] WATSON E B. Two-liquid partition coefficients:experimental data and geochemical implications[J]. Contributions to mineralogy and petrology,1976,56(1):119-134.

[224] WILSON J R,CAWTHORN R G,KRUGER F J,et al. Intrusive origin for the unconformable Upper Zone in the Northern Gap,Western Bush-

veld Complex[J]. African journal of geology,1994,97(4):462-472.

[225] XIAO L,XU Y G,CHUNG S L,et al. Chemostratigraphic correlation of upper Permian lavas from Yunnan Province,China:extent of the Emeishan large igneous province[J]. International geology review,2003,45(8):753-766.

[226] XIAO L,XU Y G,MEI H J,et al. Distinct mantle sources of low-Ti and high-Ti basalts from the western Emeishan large igneous province,SW China:implications for plume-lithosphere interaction [J]. Earth and planetary science letters,2004a,228(3-4):525-546.

[227] XIAO L,XU Y G,XU J F,et al. Chemostratigraphy of flood basalts in the garze-Litang region and zongza block:implications for western extension of the Emeishan large igneous province,SW China[J]. Acta geologica sinica:English edition,2004b,78(1):61-67.

[228] XING C M,WANG C Y,LI C Y. Trace element compositions of apatite from the middle zone of the Panzhihua layered intrusion,SW China:insights into the differentiation of a P- and Si-rich melt[J]. Lithos,2014, 204:188-202.

[229] XU Y G,CHUNG S L,JAHN B M,et al. Petrologic and geochemical constraints on the petrogenesis of Permian-Triassic Emeishan flood basalts in Southwest China[J]. Lithos, 2001, 58 (3-4): 145-168.

[230] XU Y G,HE B,CHUNG S L,et al. Geologic,geochemical,and geophysical consequences of plume involvement in the Emeishan flood-basalt province[J]. Geology,2004,32(10):917.

[231] XU Y G, HE B, HUANG X L, et al. Identification of mantle plumes in the Emeishan large igneous province[J]. Episodes, 2007,30(1):32-42.

[232] XU Y G,LUO Z Y,HUANG X L,et al. Zircon U-Pb and Hf isotope constraints on crustal melting associated with the Emeishan mantle plume

[J]. Geochimica et cosmochimica acta,2008,72(13):3084-3104.

[233] YAXLEY G M,KAMENETSKY V S,KAMENETSKY M,et al. Origins of compositional heterogeneity in olivine-hosted melt inclusions from the Baffin Island picrites[J]. Contributions to mineralogy and petrology,2004,148(4):426-442.

[234] YODER H S,TILLEY C E. Origin of basalt magmas:an experimental study of natural and synthetic rock systems[J]. Journal of petrology,1962,3(3):342-532.

[235] ZAJACZ Z,HALTER W. LA-ICPMS analyses of silicate melt inclusions in co-precipitated minerals:quantification, data analysis and mineral/melt partitioning[J]. Geochimica et cosmochimica acta,2007,71(4):1021-1040.

[236] ZHANG Y,REN Z Y,Xu Y G. Sulfur in olivine-hosted melt inclusions from the Emeishan picrites:implications for S degassing and its impact on environment[J]. Journal of geophysical research:solid earth,2013,118(8):4063-4070.

[237] ZHANG Z C,MAHONEY J J,MAO J W,et al. Geochemistry of picritic and associated basalt flows of the Western Emeishan flood basalt province, China[J]. Journal of petrology, 2006, 47 (10): 1997-2019.

[238] ZHANG Z C,MAO J W,SAUNDERS A D,et al. Petrogenetic modeling of three mafic-ultramafic layered intrusions in the Emeishan large igneous province,SW China,based on isotopic and bulk chemical constraints[J]. Lithos,2009,113(3-4):369-392.

[239] ZHENG L D,YANG Z Y,TONG Y B,et al. Magnetostratigraphic constraints on two-stage eruptions of the Emeishan continental flood basalts[J]. Geochemistry,geophysics,geosystems,2010,11(12):12014.

[240] ZHONG H,CAMPBELL I H,ZHU W G,et al. Timing and source constraints on the relationship between mafic and felsic intrusions

in the Emeishan large igneous province[J]. Geochimica et cosmochimica acta,2011,75(5):1374-1395.

[241] ZHONG H,HU R Z,WILSON A H,et al. Review of the link between the hongge layered intrusion and Emeishan flood basalts, Southwest China[J]. International geology review,2005,47(9): 971-985.

[242] ZHONG H,ZHOU X H,ZHOU M F,et al. Platinum-group element geochemistry of the Hongge Fe-V-Ti deposit in the Pan-Xi area,Southwestern China[J]. Mineralium deposita,2002,37(2): 226-239.

[243] ZHONG H,ZHU W G,CHU Z Y,et al. Shrimp U-Pb zircon geochronology,geochemistry,and Nd-Sr isotopic study of contrasting granites in the Emeishan large igneous province,SW China[J]. Chemical geology,2007,236(1-2):112-133.

[244] ZHONG Y T, HE B,MUNDIL R,et al. CA-TIMS zircon U-Pb dating of felsic ignimbrite from the Binchuan section:implications for the termination age of Emeishan large igneous province[J]. Lithos,2014,204:14-19.

[245] ZHOU M F,ARNDT N T,MALPAS J,et al. Two magma series and associated ore deposit types in the Permian Emeishan large igneous province,SW China[J]. Lithos,2008,103(3-4):352-368.

[246] ZHOU M F,CHEN W T,WANG C Y,et al. Two stages of immiscible liquid separation in the formation of Panzhihua-type Fe-Ti-V oxide deposits,SW China[J]. Geoscience frontiers,2013,4(5):481-502.

[247] ZHOU M F,MALPAS J,SONG X Y,et al. A temporal link between the Emeishan large igneous province(SW China) and the end-Guadalupian mass extinction[J]. Earth and planetary science letters,2002a,196(3-4):113-122.

[248] ZHOU M F,ROBINSON P T,LESHER C M,et al. Geochemis-

try, petrogenesis and metallogenesis of the Panzhihua gabbroic layered intrusion and associated Fe-Ti-V oxide deposits, Sichuan Province, SW China [J]. Journal of petrology, 2005, 46 (11): 2253-2280.

[249] ZHOU M F, YAN D P, KENNEDY A K, et al. SHRIMP U-Pb zircon geochronological and geochemical evidence for Neoproterozoic arc-magmatism along the western margin of the Yangtze Block, South China [J]. Earth and planetary science letters, 2002b, 196(1-2): 51-67.

[250] ZHU D, LUO T Y, GAO Z M, et al. Differentiation of the Emeishan flood basalts at the base and throughout the crust of Southwest China [J]. International geology review, 2003, 45(5): 471-477.